"十四五"职业教育国家规划教材

数码摄影入门与进阶（第2版）

Shuma Sheying Rumen Yu Jinjie

李 涛 组 编

罗 博 黄籍逵 主 编

胡登峰 刘庆林 张亚敏 张 翔 谢志锋 副主编

中国教育出版传媒集团

高等教育出版社·北京

内容提要

本书为"十四五"职业教育国家规划教材。

本书是一本适合初学者学习的数码摄影基础教材。全书共分9章，第1、2章详细介绍了数码相机的结构、性能及基本操作，第3～5章讲解了摄影用光、摄影构图、摄影画面的色彩及其配置等摄影基础知识，第6～8章从理论与实践相结合的角度对人像摄影、风光摄影两大常见摄影题材进行了重点讲解，并对新闻摄影、体育摄影、舞台摄影、静物摄影、广告摄影、花卉摄影等其他题材进行了较为系统的介绍，第9章通过一个专题讲解了如何运用图片处理软件对摄影图片进行修饰、处理，以使作品更加完美。

本书内容翔实，图文并茂，可作为高等职业院校艺术类专业相关课程的教材，也可作为其他专业的选修课教材，还可作为摄影爱好者的自学或参考用书。

图书在版编目（CIP）数据

数码摄影入门与进阶 / 罗博，黄籍迻主编；李涛组编.－－2版.－－北京：高等教育出版社，2017.8（2023.8 重印）

ISBN 978-7-04-048416-8

Ⅰ.①数… Ⅱ.①罗… ②黄… ③李… Ⅲ.①数字照相机－摄影技术－高等职业教育－教材 Ⅳ.①TB86 ②J41

中国版本图书馆CIP数据核字(2017)第202455号

策划编辑	张　维	责任编辑　张　维	封面设计　杨立新	版式设计　徐艳妮
责任校对	胡美萍	责任印制　赵义民		

出版发行	高等教育出版社		网　　址	http://www.hep.edu.cn
社　　址	北京市西城区德外大街4号			http://www.hep.com.cn
邮政编码	100120		网上订购	http://www.hepmall.com.cn
印　　刷	北京盛通印刷股份有限公司			http://www.hepmall.com
开　　本	850mm×1168mm　1/16			http://www.hepmall.cn
印　　张	12.75		版　　次	2012年11月第1版
字　　数	350千字			2017年8月第2版
购书热线	010-58581118		印　　次	2023年8月第9次印刷
咨询电话	400-810-0598		定　　价	49.80元

本书如有缺页、倒页、脱页等质量问题，请到所购图书销售部门联系调换

版权所有　侵权必究

物料号　48416-B0

系列教材序言——奔赴未来

　　一件好的作品，技术决定下限，审美决定上限。技法的训练如铁杵磨针，日久方见功力；美感的培养则需博观约取，厚积才能薄发。优秀的作品哪怕表面上只有寥寥几笔，背后却蕴含着创作者的眼界、经历和见地。而正是艺术，让人脱颖而出。

　　这是个充满机会的世界，作为艺术设计类学科的莘莘学子，用面向未来的知识武装自己的头脑，做一个有着丰沛热情且敢于实践的人，你将永远不缺少舞台。而我们这些先行者，只是将我们仅有的一些经验传授给读者，希望读者可以视野更远，站得更高。

　　在本套教材构思之初，通过高等教育出版社汇集多位一线设计师和教师进行的历次研讨，我们发现在知识爆炸的时代，使学生每天面对那么多故作高深的专业词汇和不知缘由的操作指令决非培养学习兴趣的有效方法。我们真正需要做的是建立适合自身的数字艺术知识体系，这不仅需要掌握操作方法，更需要知道如何合理地运用知识和技术。

　　所以，我们决定不做庞大而主次不分的百科全书式教材，同时也极力避免软件说明或案例罗列式的教学姿态。在技能梳理上我们秉承"少即多，多则惑"的理念，力求更加简洁、系统、复合，将传授"方法"作为本套教材的核心，最终"磨"出了这套教材。希望呈现在读者眼前的这套教材最终能够符合构思它的初衷和本心。

　　本套教材经过多年来在各高等职业院校中的使用，获得了广大师生的认可。我们根据各方反馈的宝贵意见和建议，结合目前最新的数字艺术类课程教改成果，紧跟设计行业理念、技术发展，在原有版本的基础上不断优化、更新内容，将新知识、新技术、新工艺及时融入教材修订及改版中，以进一步推进习近平新时代中国特色社会主义思想进教材，并与行业企业密切联系，内容及时反映产业升级和行业发展动态，从而满足数字艺术设计应用型人才培养需求。

　　数字艺术相关知识涉猎广、范畴大，为了拓宽读者的知识面，我们建立了艺术类在线教育平台"良知塾"，汇聚了相关领域的各路高手进行分享切磋。阿尔文·托夫勒曾说过：21世纪的文盲不是那些不会读写的人，而是那些不会学习、摒弃已学内容并不再学习的人。也许，我们都该摒弃浮躁，静下心来，脚踏实地地努力学习属于自己的新技能。做一个新时代的水手，奔赴所有尚未到达的码头。

系列教材主编　李涛

于北京

前言

关于摄影

从达盖尔发明摄影术到今天，摄影的发展虽然只经历了一百多年的时间，但是它却实现了由大雅之堂进入寻常百姓之家的华丽普及，完成了从"阳光摄影""银版摄影"到全自动、高智能的完美进化。摄影的魅力，在于它瞬间的凝聚能力和变幻无穷的光影效果，从某种意义上来说，它反映并影响着人类社会的发展与进步。

摄影首先是一门技术，熟练地掌握光圈、快门、焦距等组件的性能与使用技巧，就能够确保在不同的光线条件下得到摄影者所期望的曝光效果。摄影同时也是一门艺术，只有在不断地掌握摄影技术的同时，潜心研究摄影的构图方式、造型法则、光影色彩以及审美意境等各方面的奥秘，努力提高艺术修养，才能创作出不同凡响的摄影作品。

本书内容

科技与艺术的完美结合，孕育着摄影艺术独特的文化品格——这是本书所遵从的指导思想，希望通过对本书的阅读，能使读者对这一点有所体会。

本书为"十四五"职业教育国家规划教材。本书从了解手中的数码相机讲起，首先详细介绍了数码相机的结构、性能及基本操作；然后，讲解了摄影用光、摄影构图、摄影画面的色彩及其配置等拍摄一部成功的摄影作品所必须掌握的摄影基础知识；接着，为了使读者全面掌握各类摄影题材的拍摄方法、拍摄技巧，本书从理论与实践相结合的角度对人像摄影、风光摄影两大常见题材进行了重点讲解，并对新闻摄影、体育摄影、舞台摄影、静物摄影、广告摄影、花卉摄影等其他题材进行了较为系统的介绍；最后，考虑到数码照片的后期处理是对摄影作品的第二次创作，因此专题讲解了如何运用图片处理软件对摄影作品进行修饰、处理，以使作品更加完美。本书通篇辅以大量精美的图片，使读者能够对照学习，并从中汲取艺术灵感。

随着摄影技术的更新和相关设备、软件的升级，为了更加全面地满足广大读者朋友的学习要求，并结合目前最新的数字艺术类课程教改成果，紧跟设计行业理念、技术发展，本书编者在原有版本的基础上不断优化、更新内容，将新知识、新技术、新工艺及时融入教材内容中。本次修订加印，为加快推进党的二十大精神进教材、进课堂、进头脑，首先结合各章知识技能学习内容，深入挖掘数字时代摄影师应当具备的核心能力与素质，在章首页通过二维码的形式进行教学引导，重点培养学生的审美与艺术修为、敏锐的观察力与社会责任感、团队合作与奉献精神、摄影师职业道德等基本素养，落实新时代德才兼备的高素质艺术设计类人才培养要求；其次，通过在第1章数码相机介绍部分补充"国产数码相机品牌介绍及发展"、在第6章人像摄影部分补充"人像摄影——记录与观察"、在第8章其他摄影题材部分补充"新闻摄影背后的故事"等拓展阅读内容，重点反映我国摄影行业发展、相关产业升级及品牌特色，并通过补充更换部分优秀的摄影作品展现出我国新时代社会发展的伟大成就，以兴文化、展形象等方式提炼展示中华文明的精神标识和文化精髓，增强学生的民族自信、文化自信与美学修为，并激发其文化与科技创新创造活力，为推动我国文化事业和文化产业的繁荣发展打下坚实基础；同时，通过在"第9章 数字处理"新补充与知识内容对应的介绍Photoshop图像后期处理应用的教学视频，将相关1+X证书考核内容融入教材，强化职业技能培养在当代文化文艺人才队伍建设中的关键作用，并体现高质量技能型人才的自主培养特色，落实人才强国战略。

本书体系完整，内容翔实，图文并茂，既是掌握摄影技术的入门教材，亦是进一步提高摄影水平的辅导教材。本书将陪你一同走进美妙的摄影世界，在理论与实战相结合的摄影之旅中得到充实和提高。

本书由李涛组编，罗博、黄籍逵任主编，胡登峰、刘庆林、张亚敏、张翔、谢志峰任副主编，参与编写的还有樊世东等人。由于时间仓促，疏漏之处在所难免，恳请广大读者批评指正。

编者

2023年6月

Chapter 1　了解数码相机

　　随着现代科技的不断进步，数码相机的发展日新月异，再加上各种数字媒体和数码打印等彩色输出解决方案的出现，更促使数码相机日益普及。用好手中的数码相机，首先需要了解数码相机的工作原理、部件的基本功能并且能熟练地运用，这对于我们从事摄影创作是很有必要的。

能力与素质目标

1.1 数码相机的分类

数码相机种类繁多，按照画质和用途大体上可以分为消费类数码相机、数码单反相机、微单与单电数码相机和数码后背4类。

根据拍摄需要及相机的普及程度，可以把数码相机分为卡片型数码相机、长焦数码相机、数码单反相机、微单与单电数码相机、中画幅数码相机和数码后背5大类。

拓展阅读：国产数码相机品牌介绍及发展

1．卡片型数码相机

卡片型数码相机因其外形轻薄，就像卡片一样可以放进衣服的口袋而得名。卡片型数码相机拥有小巧纤薄的机身、大屏幕液晶屏及超薄时尚的设计。卡片型数码相机镜头不可更换，配有内置闪光灯和基本的光学取景器或者液晶显示屏，可以满足日常拍摄需要。即使是摄影初学者，使用起来也是非常容易的。

几乎所有卡片型数码相机都能设置"自动"挡拍摄，较好的机型还带有手动功能，以便摄影者扩展摄影技能。很多卡片型数码相机还配备了5倍乃至更大变焦倍数的镜头，加载了诸如笑脸快门、人脸检测等时尚功能，使拍摄更有乐趣。卡片型数码相机由于体积较小，所以非常便于随身携带，以便随时捕捉眼前的美丽瞬间。

卡片型数码相机

2．长焦数码相机

长焦数码相机指的是具有较大光学变焦倍数的机型，而光学变焦倍数越大，能拍摄的景物就越远。实际上，其主要特点和望远镜的原理差不多，通过镜头内部镜片的移动而改变焦距。当拍摄远处的景物或者是被拍摄者不希望被打扰时，长焦的优越性就发挥出来了。另外，焦距越长则景深越浅，和光圈越大景深越浅的效果是一样的，浅景深的好处在于突出主体而虚化背景，相信很多摄影者在拍照时都追求一种浅景深的效果，这样使拍出来的照片更加专业。

佳能长焦数码相机

与便携式数码相机相比，大变焦比数码相机的优点就是变焦范围大，现在长焦数码相机一般为12～24倍光学变焦，虽然大变焦比数码相机无法像数码单反相机那样可以更换镜头，但是利用其变焦功能可以轻易拉近远处的被摄物体，所以长焦数码相机可以满足日常生活中各类题材的拍摄，而且不会像数码单反相机那样还要另外购买镜头。对于摄影初学者来说，长焦数码相机也是不错的选择。

尼康长焦数码相机

3. 数码单反相机

数码单反相机是数码单镜头反光相机的简称，英文缩写为DSLR。数码单反相机将现代数码技术和传统单镜头反光相机的优势有机地结合在一起，它通过镜头将景物反射到取景器中，按下快门按钮后，镜片翻起，快门打开，感光元件感光，经过一系列处理后，最终形成图像。摄影者用位于相机背后的光学取景器或LCD屏幕取景，通过安装在相机前端的镜头所提供的视觉角度大小进行拍摄。其感光元件越大，感光面积就越大，图像质量就越高，可设置的感光度也就更高。

生产数码单反相机的各品牌厂商都拥有从超广角到超长焦的庞大的镜头群，还有众多的镜头专业生产厂家予以支持，可供我们根据自己的需求选择配套镜头。数码单反相机的开机速度只有几百毫秒，连拍速度也很快，还可以方便地进行手动变焦、手动设定拍摄参数等操作，使用起来十分得心应手。数码单反相机还有一个重要的特点，就是它具有很强的扩展性，可以使用大功率闪光灯、环型微距闪光灯、电池手柄和定时遥控器等辅助设备，以增强其适应各种环境的能力。

数码单反相机拥有前两类数码相机无可比拟的成像质量和强大的操作性能等优势。近年来，随着价格的逐渐下降，数码单反相机的普及已成趋势，可以说，数码单反相机是摄影爱好者及职业摄影师的不二选择。

佳能数码单反相机

尼康数码单反相机

4. 微单与单电数码相机

除了以上3种分类之外，近年来，几家主要的相机生产厂商还生产出了集单反相机的专业性和卡片相机的便携性于一体的新型数码相机，即微单相机和单电相机。

微单相机，即微型、小巧、便携，还可以像单反相机一样更换镜头，并提供和单反相机同样画质的相机。微单相机采用与单反相机相同规格的传感器，取消了单反相机上的光学取景器构成元件，没有了棱镜与反光镜结构，大大缩小了镜头卡口到感光元件的距离，因此，拥有比单反相机更小巧的机身，也保证了成像画质与单反相机的相同。

微单数码相机

单电相机，即采用电子取景器（EVF），可以像单反相机一样更换镜头，具备快速相位检测自动对焦功能、有较大尺寸的影像传感器的相机。与微单相机一样，单电相机同样具有便携的优点。这类相机由于取消了单反相机上的棱镜与反光镜结构，所以有效地避免了单反相机在拍摄时由于反光镜抬升和下降所造成的振动，以及在此期间无法进行相位检测自动对焦的缺点。

单电数码相机

5．中画幅数码相机和数码后背

这类相机是对胶卷时代大中画幅相机的数码化，最初是一些厂家为传统的大中画幅相机推出的数码后背。早期的数码后背比较笨重，并且往往只能拍摄静态物体，后来，哈苏、宾得、玛米亚等传统120相机厂家在发展数码后背的同时，也相继推出了一体化的中画幅数码相机，在使用上也像135型数码相机一样非常方便灵活。

中画幅数码相机与数码后背的特点是像素高，成像质量好，但价格也相当昂贵。因此，这类相机主要是在需要拍摄高素质大幅照片的商业性摄影工作室、摄影机构中使用。

中画幅数码相机

1.2　数码相机的结构

数码相机种类繁多，结构复杂，但其基本装置是相同的，只是这些基本装置的完善程度和适宜范围不一样。通常，照相机由机身和镜头两部分组成。机身连接各个部件，这些部件按设计要求相互配合，进行正常的拍摄程序。

1.2.1　镜头与光圈

镜头是照相机最重要的部件，镜头的作用就是将被摄物体的反射光聚焦于图像传感器上，使之成像，即承载影像、构成画面。成像质量的高低是评价镜头好坏的标准、一只镜头只有在解像力、色彩还原、反差、锐度及校正像差等多个方面都达到一定的标准，才可称为高质量的镜头。

1．镜头的种类与性能

镜头的种类很多，根据用途不同可分为标准镜头、广角镜头、摄远镜头、变焦镜头和特殊用途镜头等多种。

标准镜头：镜头视角在40°～55°之间的称为标准镜头。标准镜头的焦距与底片的对角线长度基本相等，由于这种镜头的视角和人眼视角相似，拍摄景物的透视效果符合人眼的透视标准和习惯，所以在摄影中应用广泛。标准镜头的特点是有效孔径大，光学性能好，不易失真。135型数码相机标准镜头的焦距一般在40～58mm之间。

　　广角镜头：镜头视角大于60°的称为广角镜头。广角镜头的焦距小于底片像幅对角线长度。在135型数码相机的系列镜头中，焦距在24～35mm之间的镜头称为普通广角镜头，视角范围在60°～85°之间；焦距在12～20mm之间的镜头称为超广角镜头，视角大于120°；焦距在6～16mm之间的镜头称为鱼眼镜头，视角范围可达到180°～220°。

尼康标准镜头，有效口径1:1.4，镜头焦距50mm

　　广角镜头又称为短焦距镜头，其特点是焦距短、视角大、视野宽、景深长，拍摄动态物体或需要景物前后有较大的清晰度，或者在较狭窄的环境中拍摄较大的场面时，可选用广角镜头拍摄。使用超广角镜头拍摄景物会产生严重变形，在特定的情况下使用时，会有助于突出主题、渲染气氛，一般情况下则很少使用。

　　摄远镜头：摄远镜头的视角小于人眼的正常视角，它的焦距长度大于底片像幅的对角线，摄远镜头又称为望远镜头或长焦镜头。常用于135型数码相机的摄远镜头的焦距有135mm、150mm、200mm、300mm和1000mm等多种。由于摄远镜头的焦距长度相差悬殊，所以把焦距在150mm以内的称为中焦镜头，焦距在150～300mm之间的称为长焦镜头，焦距在300mm以上的称为超长焦镜头。摄远镜头的特点是焦距长、视角窄、相对口径小。与标准镜头相比，同样的拍摄距离使用摄远镜头可获得较大的影像，其大小与焦距成正比，焦距越长，影像越大，但是景物的透视关系会大大压缩，前后景之间的透视比例超越了人眼的透视效果，远近差别不显著，景深较小时往往呈现出一片模糊的光斑虚像，构成了一种特殊的效果。

佳能广角镜头，有效口径1:1.8，镜头焦距16～35mm

尼康摄远镜头，有效口径1:5.6，镜头焦距300～800mm

变焦镜头：变焦镜头的变焦方式有手动变焦和自动变焦两种，而手动变焦又分单环推拉和双环转动两种方式。单环推拉式的变焦环也是调焦环，前后推拉为变焦，转动为调焦，操作方便，有利于快速拍摄，但在俯拍、仰拍时镜头容易滑动。而双环转动式的变焦环与调焦环各自独立，转动操作互不影响，但操作不如单环推拉式的方便。随着镜头制造工艺的不断进步，近几年来变焦镜头的成像质量大大提高，改变了过去"变焦镜头不如定焦镜头成像质量好"的状况。尤其是配合自动调焦相机的AF系列镜头，很多是非球面的。

尼康变焦镜头，有效口径1:1.8，镜头焦距17～55mm

变焦镜头最长焦距与最短焦距之比称为变焦比，变焦比有2倍、3倍、4倍、6倍、10倍和12倍等多种。3倍变焦镜头有28～85mm、70～200mm，5倍的有28～135mm，6倍的有35～210mm等。

2．光圈

光圈是在镜头中间由数片互叠的金属叶片组成的可变孔径光阑。它的位置由光学系统的设计要求决定。它能限制镜头的进光量，光圈开度的大小直接影响胶片上的照度，改变光圈不但可以改变成像质量，还能调节景深。

光圈的一般表示方法为"字母F+数值"，不同的F值代表光圈的大小不同。镜头上标刻的1，1.4，2，1.8，4，5.6，8，11，16，22等数字是光圈系数，代表各级相对孔径的倒数。各级通光量相差2倍，例如F4光圈的通光量是F5.6的2倍，F1.8光圈是F4光圈的2倍，以此类推。光圈数值的差值为$\sqrt{2}$，因为每级光圈光束直径的差值为$\sqrt{2}$，则圆面积差值为$(\sqrt{2})^2$，即增大一倍，这时的通光量就增大一倍，感光片上的照度也增加一倍。

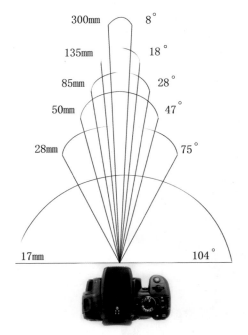

镜头焦距与视角示意图

| F1.4 | F5.6 | F8 | F13 | F16 | F18 |

光圈自全开状态至收缩的工作过程

光圈的结构类似于人类瞳孔，通常采用多片式结构，可以很轻松地关闭和打开，它由几片特殊形状的薄金属叶片组成，是一种圆形的、中间可以通过光线的机械装置，通过控制光圈自身的开合来控制镜头的进光量，并完成曝光。

光圈大小示意图，光圈F值越小，开启的直径就越大，通光量也就越大

3．景深

　　所谓景深，就是焦点前后可以看清楚的区域。我们可以将景深理解为：在焦点前后，肉眼能够辨认清晰影像的范围。从被摄物到最近清晰点的距离称为前景深，从被摄物到最远清晰点的距离称为后景深，前景深与后景深之和称为全景深。景深的大小受光圈大小、镜头焦距长短及拍摄距离（物距）远近的制约。

　　光圈的大小：在镜头焦距和拍摄距离不变的情况下，光圈大，景深小，光圈小，景深大。使用大光圈拍摄可以得到虚化背景、突出主体的视觉效果，也就是"小景深（浅景深）"的效果。相反，使用小光圈拍摄物体时，景深加大，画面中的景物从近处到远处都是清晰的。

小光圈大景深使得近景和远景都很清晰

　光圈：F11 快门：1/100s 感光度：ISO100 曝光补偿：0

焦距的长短： 不同焦距的镜头用同样的光圈对同一距离的目标拍摄时，镜头的焦距越长，景深越短，焦距越短，景深越长。

物距的远近： 在光圈和焦距不变的情况下，景深的大小取决于拍摄者与被摄物体的距离。物距越远，景深越大，物距越近，景深越小。

光圈大小、镜头焦距、拍摄距离三者对于景深的影响可以简要地做如下表述：光圈越大，景深越浅，反之越深；镜头焦距越长，景深越浅，反之越深；拍摄距离越近，景深越浅，反之越深。

根据这个原理，在实际拍摄当中，拍摄者可以通过光圈的大小、镜头焦距的长短和拍摄距离的远近来对景深范围进行控制。例如，如果需要得到主体清晰、背景模糊的小景深范围，可以通过开大光圈、使用长焦距镜头和尽量接近拍摄对象来实现。3种方法同时使用比只使用其中一至两种方法所得到的效果要更显著。

小光圈大景深使得近景和远景都很清晰

📷 光圈：F11 快门：1/125s 感光度：ISO100 曝光补偿：0

4. 超焦距

当镜头调焦到无穷远时，从相机到最近清晰物之间的距离称为超焦距。超焦距不是一个定值，它随着光圈的大小和镜头焦距的长短及拍摄距离的远近而变化。光圈开度越大，超焦距越大，两者成正比。镜头焦距越大，超焦距也越大，反之则越小。

超焦距和景深成反比。由形成景深的原理可知，当调焦点放在无穷远时，前景深至无穷远发挥了作用，而后景深没有利用到。当调焦点移到景深前界处，使最远清晰点仍在无穷远，而最近清晰点则离镜头更近，这时，从最近清晰点至镜头的距离恰好是超焦距的1/2，景深也就增大到1/2超焦距处，因此通过超焦距扩大景深在摄影中被广泛应用。

发挥超焦距的作用可从以下两个方面考虑：

① 能最大限度地增大景深范围。

② 可以适当开大光圈以增加进光量。

拍摄远景和近景都十分清晰的画面，是超焦距的长项

光圈：F11 快门：1/200s 感光度：ISO100 曝光补偿：0

1.2.2　机身

　　机身是安装相机各部件，并使其精确运转、相互配合的载体，它的质量好坏直接关系到成像质量的好坏。时至今日，相机日益完善，结构日益复杂，机身内装满了各种机械部件和电子元件，仅留出一条光路通道。在单反相机中，这一点空间（暗箱）还被反光镜占用，仅仅在曝光的一瞬间让开光路。

1
2
3
4
5
6
7
8
9

1. 快门

快门是控制曝光时间的装置。快门速度表示光线通过快门单元的时间，相机最常见的快门速度由慢到快分别为30s、15s、8s、4s、2s、1s、1/2s、1/4s、1/8s、1/15s、1/30s、1/60s、1/125s、1/250s、1/500s、1/1000s、1/2000s、1/4000s、1/8000s。上面的快门速度是以倍数方式递增的，每一级快门的速度都是上一级快门的两倍。数值越小，快门速度越快，曝光时间越短，进入相机内的光线就会越少；反之，数值越大，曝光时间越长，进入相机内的光线就会越多。

数码单反相机机身内部结构上的焦平快门

快门一般分为镜间快门和焦平快门。家用相机常采用镜间快门，单反相机则采用焦平快门，通过两组具有遮光性能的快门帘幕的动作来调节曝光时间。

高速快门能够将短暂的瞬间清晰地凝结于画面之中

光圈：F5.6 快门：1/2000s 感光度：ISO100 曝光补偿：0

2. 取景器

取景器是用来观察被摄景物，确定拍摄范围的装置。

取景器放大倍率：简称取景倍率，是指通过取景器观察被摄体对眼睛的张角与用眼睛直接观察被摄体对眼睛的张角之比，即通过取景器所看到的被摄体大小与用眼睛直接看到的被摄体大小之间的比值。若取景倍率大，目视角度小，则取景时看到的景物接近原物，真实感强；若取景倍率小，目视角度大，则取景时容易看到全景。若取景倍率太小，则难以观察物体细部，不利于构图和对焦，而且物像相差悬殊，取景时不舒服。取景倍率一般小于1X，大多在0.75X～0.95X之间。

取景范围：指通过取景器看到的景物范围与拍摄到底片上的景物范围之比，用百分数表示。从取景器中看到的画面总是比所拍摄的画面要小，一般为90%～100%。所以说单反相机只是基本避免了视差，只有达到100%的取景范围才能称为没有取景视差。通常只有专业机型才具有100%取景范围。

取景器分为光学取景器和电子取景器两大类。

光学取景器：顾名思义就是通过光学的组件来完成取景的工作。根据工作原理的不同，又可分为3种类型：平视光学取景器、单镜头反光取景器和磨砂玻璃直接观察取景器。

平视光学取景器：又称旁轴取景器。通过目镜可以看到景物的虚像和画框的虚像，画框4个拐角所包围的景物即取景范围，平视旁轴取景相机采用这种结构，取景和拍摄范围有一定的误差。因为平视光学取景器结构简单，成本较低，因此被大量用于卡片机等中低端的普通数码相机上。

单镜头反光取景器：单镜头反光式取景装置结构复杂，制造成本较高，一般用于高端产品，例如数码单反相机。这种取景器直接通过镜头取景，光线从镜头射入，通过机身内部反光镜折射到上方的对焦屏成像，再折射到目镜中，使拍摄者能够从取景器窗口中看到所要拍摄的图像。其光路由镜头、反光镜、对焦屏、五棱镜和目镜组成。这类取景器有很多优点，对焦屏聚焦面与底片平面成共轭位置，供测距对焦用；经五棱镜的反射，目镜上所看到的被摄物像与被摄物的方位完全一致，从而解决了平视取景器的视差问题。不足之处是，快门释放的瞬间，反光板向上翻起，视场瞬间变黑，看不见被摄物体。

电子取景器：电子取景器是随着数码摄影技术的进步而发展起来的新型取景装置，可分为机背LCD取景器和置于取景器内部的电子取景器两类。

机背LCD取景器：机背LCD取景器是大多数数码相机必备的取景方式，即数码相机机身背后的液晶屏幕。这种取景器可用于取景，也可用于观看、检测拍摄完成的照片，这种取景方式称为LCD取景方式。在LCD上看到的图像就是CCD上的

正面

反面

普通旁轴数码相机上的平视取景器及其在相机上的位置

位于数码单反相机机背顶部的取景器窗口

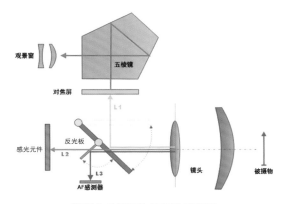

数码单反相机取景光路示意图

成像，可以从根本上消除取景视差，还可以显示各种拍摄数据。在这块屏幕上还可以通过菜单选项对相机进行各种设置。

位于取景器内部的电子取景器：它是位于取景器内部的一块微型LCD，不但能够显示景物的全貌，还可以同时显示光圈、快门速度等拍摄信息。它的优点是可以避免因开启LCD液晶显示屏而过度消耗电量，从而延长拍摄时间和电池的使用寿命。在室外拍摄时，它还可以避免因LCD显示屏反光而导致的取景误差。

位于数码相机背部的LCD屏幕，既可用于观看拍摄完成的照片，又可用于实时取景

3. 对焦模式

摄影中最基础、最重要的一步便是对焦。对焦有自动对焦（AF）和手动对焦（MF）两种方式。下面将对各种对焦模式和特点进行介绍。

自动对焦：又称为自动调焦，其工作原理是利用反光镜下方的两组"影像感测器"侦测来自被摄物体的明暗反差及颜色对比。其动作方式是固定其中一组感测器前方的透镜，只移动另外一组感测器的透镜，如此就能判别两组感测器所感应的信号状况，若两者一致则表示正确对焦，若两者有差异，则由差异值计算出透镜应移动的变化量，然后调整镜片位置，以此来完成自动对焦的工作。

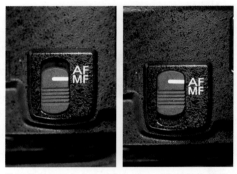

数码单反相机上自动对焦与手动对焦的转换装置

单次AF：使用这种对焦模式时，半按相机快门，相机会进行一次合焦，只要半按快门不放，将会锁定对焦状态，使用者可以根据拍摄需要重新构图。这种对焦模式适合拍摄静止的主体及抓拍。

单次AF

人工智能对焦AF：使用这种对焦模式时，半按相机快门，相机会使用与单次AF相同的方式完成对焦，随后当拍摄主体开始运动时，相机会切换到人工智能伺服AF模式进行跟踪对焦。该模式适合拍摄移动情况难以预知的事物，例如动物。

人工智能对焦AF

人工智能伺服AF：该模式适合拍摄运动的物体，在该模式下只要保持半按快门的状态，相机就会自动连续调整对焦和曝光设置，以确保能拍出清晰的照片。不同型号的相机调整对焦模式的操作可能稍有不同，在拍摄时应参照相机使用说明书进行设置。

人工智能伺服AF

手动对焦：虽然相机的自动对焦系统越来越先进，但还是存在自动对焦无法完成的情况，如重叠的物体、笼子中的动物、环境光不足的情况、主体逆光或者本身发光的情况、反差低的主体和单色的墙壁等。在自动对焦不能实现的时候就要使用手动对焦模式。此外，一些传统的摄影师也更偏好手动对焦模式，因为手动对焦更能实现摄影师的创作意图。

拍摄黄昏及夜间景观时，由于光线昏暗，相机的自动对焦功能往往难以准确地凝结焦点，此时应该将对焦模式改为手动，通过旋转镜头前的聚焦环来实现精确对焦

光圈：F11 快门：1/100s 感光度：ISO100 曝光补偿：0

1.3　数码相机的成像系统

　　使用传统胶卷相机时，按下快门后，光线通过镜头和光圈落在焦点平面位置上的胶卷上，胶卷上的感光乳剂随之产生化学反应，将图像记录下来。而数码相机在焦点平面位置上用图像传感器（CCD或CMOS）取代了胶卷，并通过相应的图像处理与存储部件来完成拍摄。两者最大的区别在于记录光影的方式。传统相机使用模拟介质（胶卷），而数码相机则使用数字介质，通过图像传感器收集光能量，并通过存储卡存储拍摄到的图像。

1.3.1　数码相机的工作过程

简单地说，数码相机的工作过程就是感光—转换—存储的过程。

打开相机的电源开关后，主控程序芯片开始检查整个相机，确定各个部件是否处于可工作状态。如果一切正常，相机将处于待命状态。当我们对准拍摄目标，并将快门按下一半时，相机内的微处理器开始工作，确定对焦距离、快门速度和光圈大小。按下快门以后，通过光学镜头的光线聚焦到位于传统相机中胶卷位置的影像传感器上，由影像传感器把景物光信号转换为电信号，此时相机即得到了对应于拍摄景物的电子图像。但这时的图像文件只是模拟信号，还不能被计算机识别，所以需要通过A/D（模/数转换器）转换成数字信号。接下来微处理器对数字信号进行压缩，并转换为特定的图像格式，例如我们常见的JPEG格式和高端数码相机存储的RAW格式等，然后将图像文件存储到存储卡中。至此已经完成一张数码照片的拍摄，通过相机背后的LCD屏幕即可查看所拍摄到的照片。

1.3.2　数码相机的成像过程

数码相机的成像过程主要分为如下4个步骤：

① 拍摄景物时，景物反射的光线通过数码相机的镜头透射到图像传感器（CCD）上。

② CCD上的光电二极管受到光线的激发而释放出电荷，生成电信号。

③ CCD控制芯片利用感光元件中的信号控制线路对发光二极管产生的电流进行控制，由电流传输电路输出，将一次成像产生的电信号收集起来，经过放大和滤波后的电信号被传送到ADC，由ADC将电信号（模拟信号）转换为数字信号，数值的大小和电信号的强度、电压的高低成正比，这些数值其实也就是图像的数据。

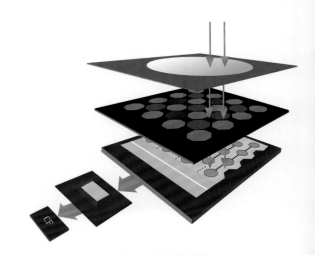

数码相机的成像过程

④ 此时这些图像数据还不能直接生成图像，需要输出到数字信号处理器（DSP）中。在DSP中将会对这些图像数据进行色彩校正、白平衡处理，并将其编码为数码相机所支持的图像格式、分辨率，然后才会被存储为图像文件。

1.4　存储装置

当我们按下快门完成拍摄以后，数码相机将图像信号转换为数据文件保存在记录介质上，这个记录介质就是我们安装在相机里的存储卡。如果把数码相机比做计算机的CPU，那么存储装置就相当于计算机的硬盘。它们都是必不可少的组成部分。

1.4.1　存储卡

　　数码相机上所使用的存储卡有多种类型，目前较为多见的是CF卡、SD卡和记忆棒。

　　CF卡（Compact Flash）：由控制芯片和存储模块组成，存储容量大，成本低，兼容性好，重量只有14g，尺寸为43mm×36mm×3.3mm，是一种固态产品，也就是在工作时没有运动部件。CF卡采用闪存（Flash）技术，是一种稳定的存储解决方案，不需要电池来维持其中存储的数据。CF卡使用3.3V～5V的电压工作（包括3.3V和5V）。这些优异的条件使得大多数数码相机都选择CF卡作为其首选存储介质。

CF卡

　　SD卡（Secure Digital Memory Card）：是一种基于半导体快闪记忆器的新一代记忆设备。大小犹如一张邮票的SD记忆卡，重量只有2g，但却拥有高记忆容量、快速数据传输率、极大的移动灵活性及很好的安全性。

　　SD卡的结构能保证数字文件传送的安全性，也很容易重新格式化，所以有着广泛的应用领域，目前很多数码相机都支持SD卡。

SD卡

　　记忆棒（Memory Stick）：是索尼公司推出的存储卡产品，外形酷似口香糖，长度与普通AA电池相同，重量仅为4g。采用了10针接口结构，并内置写保护开关。由于Sony公司的数码产品线非常丰富，使得记忆棒的应用非常广泛，并且已经广泛应用于索尼公司的数码相机和摄像机产品中。

记忆棒

1.4.2　读卡器

　　读卡器（Reader）是一种专用设备，有插槽可以插入存储卡，有端口可以连接到计算机。把适合的存储卡插入插槽，将其端口与计算机连接后，计算机就会把存储卡当做一个可移动存储器，从而可以通过读卡器读写存储卡。

　　读卡器按所兼容存储卡的种类分可以分为CF卡读卡器、SD卡读卡器及记忆棒读卡器等，还有很多读卡器设计成多合一的样式，能够读取多种类型的存储卡，为我们提供了更大的方便。读卡器的体积一般都不大，便于携带，一般使用USB接口与计算机连接。

不同类型的读卡器

1.5　电源

　　电源即数码相机所使用的电池。电池是数码相机的工作动力，由于数码相机通常耗电量较大，在拍摄照片的时候必须保证有足够的电源补给。这里建议使用充电电池，这样可以在休息的时候，很方便地给电池充满电，以保证下次的正常使用。

1. 沿箭头指示方向打开电池仓盖　　　2. 将电池按照正确的方向放入电池仓内
　　　　　　　　　　　　　　　　　　　　安装电池的正确方法　　　　3. 按下电池仓盖直至其锁上

　　目前，数码相机的电池按其性质分为充电式镍氢电池和充电式锂电池等几种。数码单反相机的电池基本都为锂电池。其特点是：能量密度大，没有记忆效应，可以随用随充。对于新购买的相机，给电池第一次充电时必须用足够长的时间。一般而言，锂电池的充电时间至少要在8小时以上（基本为12小时），如果电池充电时间不足，电池的使用时间则会变短。一块新的电池一般要经过3次充电/放电过程，电池的续航能力才能发挥到最佳状态。

　　不过，锂电池的自放电能力较强，而且容易受温度的影响，尤其在环境温度很低的情况下，锂电池的性能会严重下降。所以，在平时使用的过程中，要注意不能将电池的触电处裸露在外，应使用专用电池携带包或电池盖将其装好，以防意外的短路事件发生。

1. 将充电器连接好，电池插在充电器上

2. 将充电器的插销插在插座上，红灯有
节奏地闪烁，表示正在充电

1.6　数码摄影辅助器材

　　从事摄影创作，除了数码相机和镜头之外，还有一些摄影附件同样是必不可少的，有了它们，拍摄工作就能够更加顺利地完成。辅助性的摄影器材、附件有很多，主要有遮光罩、三脚架和摄影包等。

1.6.1　遮光罩

　　遮光罩是安装在摄影镜头前遮挡有害光的装置，也是最常用的摄影附件之一。它的作用是抑制杂散光线进入镜头，从而消除雾霭，提高成像的清晰度与色彩还原能力。遮光罩有金属、硬塑和软胶等多种材质。

3. 红灯不闪，持续亮着表示充电完成
使用充电器的正确方法

　　严格地说，我们应把遮光罩看成是镜头光学系统的一个重要组成部分。一只镜头是由几枚或十几枚镜片组成的，而每一枚镜片都会有两个反射面，一只镜头至少会存在着几十个反射面。反射面越多，对镜头成像的影响就越大，特别是在逆光或侧逆光条件下拍摄时，多个反射面会相互干扰形成光晕。光晕进入镜头会使画面色彩暗淡（色彩不饱和）或出现耀斑，所拍摄的画面就像笼罩了一层薄雾，而使一幅美丽的图片大打折扣。上面这些现象，其实就是因为没有使用遮光罩所造成的。优质遮光罩的内壁是经过多重消光处理的，其内壁的反射率仅为10%左右，使用时不会对镜片产生折射。

　　使用遮光罩可以抑制画面光晕、避免杂光进入镜头、阻挡雨雪溅落、保护相机和镜头免遭意外碰撞，对于充分发挥镜头光学的潜在素质等起着极大的作用。所以，我们在室外摄影时应尽量使用遮光罩，这对于提高拍摄质量非常有益。常见遮光罩有圆筒形、花瓣形和异形3类，以圆形和花瓣形居多。花瓣形遮光罩多用在广角镜头上，既避免在短焦端的四周出现黑角，又顾及在较长焦端有足够的遮光能力。

遮光罩的主要用途如下：

①　在逆光、侧光条件下或使用闪光灯摄影时，能防止非成像光的进入，避免雾霭。

②　在顺光和侧光条件下摄影时，可以避免周围的散射光进入镜头。

③　在灯光下摄影或夜间摄影时，可以避免周围的干扰光进入镜头。

④　遮光罩还可以防止对镜头的意外损伤，也可以避免手指误触镜头表面，而且在某种程度上可为镜头遮挡风沙、雨雪等。

圆形遮光罩

花瓣形遮光罩

1.6.2　三脚架

　　三脚架是人们在外拍摄影时最容易忽略的摄影附件。对于重视三脚架作用的朋友们来说，却又因其体积和重量的原因而携之嫌其累赘、弃之于心不忍。

　　对于三脚架的携带与使用，一定要有一个正确的认识。三脚架的作用无论是对业余用户还是专业用户都是不可忽视的。例如，在拍摄夜景需要长时间曝光的时候，为了防止因相机的抖动而造成影像模糊，就必须使用三脚架。在使用长焦镜头拍摄远景风光时，为了保持相机的稳定，也常常需要使用三脚架来做支撑。

三脚架的材质有木质、高强塑料、合金材料、钢铁材料和碳纤维等多种。最常见的材质是铝合金，铝合金材质三脚架的优点是重量轻、坚固。用碳纤维材质制造的三脚架具有比铝合金更好的韧性及重量更轻等优点。

按最大脚管管径不同可分为32mm、28mm、25mm和22mm等。一般来讲，脚管越大，脚架的承重越大，稳定性越强。

为了摄影人士外拍时方便携带，相关厂商还生产出了能对稳定相机起到一定作用的独脚架。独脚架的体积小、重量轻，便于携带，许多摄影者为了方便拍摄，会选择独脚架。独脚架的作用是稳定相机，不过千万不要以为可以使用独脚架代替三脚架，因为其稳定性大不如三脚架，并不适合长时间曝光的应用。独脚架仅仅是在提供相当程度的便携性的同时，把安全快门速度放慢2～3挡。也就是说，假如手持拍摄的安全快门为1/60秒，正确使用独脚架，可以把快门放慢到1/15秒、1/8秒。

铝镁合金三脚架

1.6.3　摄影包

摄影时常常需要背着非常昂贵且沉重的摄影器材行动，因此保护珍贵的器材往往是摄影者需要考虑的重点，选择一个结实的摄影包也就变得异常重要。好的摄影包除了可以保护昂贵的摄影器材外，还可以减轻摄影者的负担，由于经常背着过重的器材会使摄影者的脊椎受到影响，所以很多人体工程学背包备受欢迎。下面就来为读者介绍一下常见的摄影包：便携摄影包、单肩摄影包和双肩摄影包。

1．便携摄影包

对于一机一镜头的数码单反相机用户来说，购买一款便携的三角摄影包或者一个腰包就足够了，它带有一些夹层，可以用来装存储卡、电池和滤镜等配件。摄影包不同于一般的书包，它有严谨的设计及高超的制作工艺，产品的防护层能

碳纤维材质的三脚架

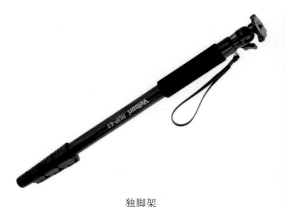

独脚架

真正起到防水抗震的作用。摄影包在出厂前都会经过专业的测试。

2．单肩摄影包

如果拥有几个可更换的镜头和一些附件，那么选择一个单肩摄影包是比较适合的，它能提供足够大的空间和丰富的内部组合方式。单肩摄影包使用时随意性较强，收放器材比较方便，同时能保证安全性。但是使用单肩摄影包时，负重集中在单侧肩膀，长时间负重会有酸痛不适的感觉，因此，这类摄影包主要用于短途携带。

3．双肩摄影包

单肩摄影包虽然使用方便，但是它不适于长途旅行和长时间背负，在徒步登山时还会对摄影者的肢体动作造成干扰。这时就需要一款贴身的背囊式双肩摄影包。选择这个级别的摄影包时，摄影者已经有了比较明确的拍摄目的和题材，知道自己需要带多少器材。根据实际需要选择双肩摄影包时，你会发现可选择的范围已经小多了，这时品牌的作用更加突出，因为大家需要的不是花哨的功能，而是实实在在的保障。

除了前面介绍的遮光罩、三脚架和摄影包之外，如今的数码单反相机还有一种必不可少的辅助器材——滤镜。请扫描二维码，了解滤镜的相关知识。

拓展阅读：
数码单反相
机的好伴侣
——滤镜

便携摄影包

单肩摄影包

双肩摄影包

1
2
3
4
5
6
7
8
9

Chapter 2　数码相机的基本操作

　　使用数码相机从事摄影创作，首先要了解相机的曝光控制与各项辅助功能。本章从正确持握相机开始，详解数码相机的测光模式、曝光控制模式，以及感光度、曝光锁定、曝光补偿、包围曝光、白平衡等功能的设置与使用。通过学习本章的内容，读者能够熟练地掌握它们，拍摄时会更加得心应手。

能力与素质目标

2.1 正确持握相机

把相机拿在手中，这是我们开始拍摄时的第一个动作，同时也是往往容易被我们忽略的一个重要环节。我们经常看到一些曝光正常但图像模糊的照片，让人大跌眼镜，出现这种问题的根本原因就在于没有端稳手中的相机。端稳手中的相机，是成功拍摄照片的第一步，关键在于选择正确的持机方法。

2.1.1 站姿

使用左手来支撑机身和镜头的重量，而右手则负责稳定机身和按下快门的动作。尽量避免使用右手来分担相机的重量，这样在按快门时，可以减少无所谓的晃动。

双手及双肩自然下垂，不要拱肩或是耸肩，双腿微张，让重心可以很平稳地分配到两只脚上，前后弓的脚步也很适合机动性的拍摄，但是不要把双腿并得很紧，保持一个舒适的立正姿势即可。要养成两只上臂尽量向身体靠拢的习惯，如果将双臂张开，那么我们就没办法靠腋下的身体来分担相机的重量，这时负担会全部移到肩膀跟手臂的关节上，没多久就会感觉酸痛，这就很难保持相机的稳定了。

操作的时候，用左手的拇指和食指调焦距，用右手的食指轻轻按动快门。在按动快门时，切记动作要轻，并屏住呼吸，尽最大的可能减少对相机的影响。

纵向持机时，握持相机手柄的右手处在上方位置，手臂会处于张开状态，这时更要多加注意双手与双臂的配合。

站姿持握相机

2.1.2 低机位拍摄

低机位拍摄时，身体的重心也会下移。这时，可以用左腿膝部支撑地面，用右膝支撑握持相机手柄右臂的肘部，以防止出现抖动。拍摄时左腿弓起，左脚脚掌、右腿膝盖、右脚脚尖三点支地，形成一个三点支撑的稳定姿势进行拍摄。如果采用坐姿拍摄，则应将双臂的肘部稳稳地放在双腿的膝部以获得稳定的支撑。

低机位拍摄——蹲姿

低机位拍摄——坐姿

2.1.3　手持拍摄时如何保持相机的稳定

一张照片清晰与否，常常是用来检验拍摄成果的重要参考，保证照片的清晰，其首要条件是拍摄时相机一定要稳定。保持相机的稳定，最有效的办法是使用三脚架。而手持拍摄时保持相机的稳定难度会很大，这主要取决于拍摄时所使用的快门速度和镜头焦距的长短。

我们可以在什么样的底限下拍出稳定而清晰的照片呢？有一个简单的公式可做参考：快门　＝　1/镜头焦距。

这个公式就是将你拍摄所使用的镜头焦距当成分母，即安全（也就是可以拍出清晰照片）的快门时间。例如，如果我们使用50mm的标准镜头来拍摄，那么只要快门速度不要低于1/50秒（相当于相机标称快门速度的1/60秒），我们就可以拍出清晰的照片。如果使用200mm的长镜头，那么快门时间就不可以低于1/200秒（相当于相机标称快门速度的1/250秒）。如果使用28mm标准广角镜头拍摄，就可以使用1/30秒的快门速度。

我们可以把这个公式当做参考数据。在实际的拍摄过程中，每个人可以掌握的拍摄稳定度都不一样，有的人可以用很慢的速度拍出很清晰的照片，有的人即使使用广角镜头及短时间的快门，却仍有可能拍出因相机晃动而模糊的照片。

在普遍的摄影实践当中，手持拍摄是人们最常用也最方便的拍摄方法。为了保持相机的稳定，有必要多多练习一下自己的臂力，就像战士练习瞄准一样下一些苦功夫，否则，最好把上面公式所给出的数据作为安全的快门速度进行设置。当然，最保险的方法还是把相机稳定在三脚架上以后再进行拍摄。

低于安全快门时间拍摄的照片

📷光圈：F8　快门：1/60s
　　感光度：ISO100　曝光补偿：0

高于安全快门时间拍摄的照片

📷光圈：F5.6　快门：1/120s
　　感光度：ISO100　曝光补偿：0

2.2　数码相机的测光模式

测光就是数码相机自动对环境光照进行分析，以便拍出正确曝光的照片的过程。大多数数码单反相机都配备多种测光方式，以满足用户不同使用环境下的需求，如平均测光、中央重点平均测光、点测光和多区域自动测光等。

我们在拍摄时，可根据被摄对象所处环境的光线条件和不同的创意、追求的光影效果采用相应的测光方式。

2.2.1　平均测光

平均测光是数码单反相机、长焦相机和卡片相机中普遍采用的基本测光模式，所测量的是景物反射亮度的平均值，如果画面所接受的光线照度是均匀的，并且各部分影调的反差并不是很大，那么这种测光模式可以提供准确的曝光结果。不过当拍摄的景物反差过大，光线照度不均匀时，平均测光则会受到周围亮度的影响，从而产生偏差。

在拍摄反差过大的景物时，应当改变测光模式，或是靠近需要强调的景物测光并设置曝光值，然后再回到原来的拍摄位置进行曝光拍摄。在拍摄人物时，为了避免人物不受背景光线的影响，许多摄影师采用测量自己手背的方式来测光，这也是一种不错的解决方式。但先决条件是投射在被摄主体的光线要与投射在自己手背上的光线一致。

数码相机上的平均测光标志

在顺光或者斜侧光条件下，当拍摄对象与背景亮度反差不是很大的时候，采用平均测光模式即可得到满意的曝光效果

光圈：F8　快门：1/200s　感光度：ISO100　曝光补偿：0

2.2.2 中央重点平均测光

中央重点平均测光通常又称"偏重中央测光"，主要是以画面的中央部分作为测量依据，而对周边部分也进行了适当的考虑。在多区域评价测光方式出现之前，中央重点平均测光是最实用、最智能的测光方式。

中央重点平均测光的准确性比较高，因为这种测光主要考虑到被摄体常常处于画面的中心或中心偏下的位置。之所以考虑中心偏下是因为在拍摄风光照片时，可以减少天空亮度对主体的干扰。中央重点平均测光系统的测光数据有70%～75%来自中央及中央偏下部分，只有30%～32%来自边缘部分。

与平均测光相比，中央重点平均测光更加人性化一些，所以这种测光方式更便于控制曝光，成为摄影创作中最常应用的测光方式之一，绝大部分相机都具有这种测光模式。

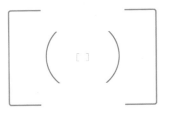

数码相机上的中央重点平均测光标志

尽管荷花与深绿色的背景反差较大，但其面积较大且占据了中央位置，采用中央重点平均测光模式就可获得正确的曝光

光圈：F2.8 快门：1/640s 感光度：ISO100 曝光补偿：0

2.2.3　点测光

　　点测光仅对位于画面中央自动对焦点附近的极小区域进行测光，测光区域大致为画面面积的2%～10%，并以此为依据完成整张照片的曝光。这是一种局部测光模式，由于点测光的测量范围很小，没有经验的操作者很有可能造成测光失误。

　　对于资深摄影师而言，点测光的作用非常大。它可以较为准确地测量出画面中某一个具体位置的曝光值。比如一些有经验的摄影师往往会测量景物高光及暗部的曝光数据，并加以平均考虑，使照片获得最大范围的层次表现。此外，在一些光线复杂、反差过大的环境中拍摄时，点测光可以很好地使主体获得最恰当的曝光，而忽略其他景物的层次。比如逆光摄影时，可以使逆光下的主体获得准确的曝光。在使用点测光时，摄影师往往要同时使用自动曝光锁（AEL）来锁定曝光数据（很多机型可以半按快门来锁定曝光），否则因构图的改变，曝光数据会随着中央点的偏离而改变。

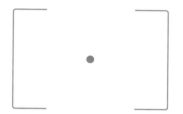

数码相机上的点测光标志

当画面主体与陪体之间存在着较大的反差时，例如拍摄逆光下的剪影效果，应选用点测光模式对准画面亮部测光

光圈：**F5.6** 快门：**1/800s** 感光度：**ISO100** 曝光补偿：**0**

2.2.4 多区域评价测光

多区域评价测光是一种智能化的TTL测光方法。多区域评价测光的工作原理是，将整个画面分成若干个区域，分别对每个区域进行评估，并将测量结果转化为数值。然后，相机内部的微处理器根据各区域的数值，对画面的反差强度、亮度构成、强光的位置、亮区和暗区的百分比、强光部的亮度等参数，进行分析和比较，对异常亮度进行截止处理，最后通过比较，与芯片内部存储的常规摄影数据进行分析，并选择提供合适的测光数据。虽然过程很复杂，但测量工作却是在按下快门的一瞬间完成的。多区域评价测光方式是目前照相机最常用的主要测光方式，它具有精确度高，方便智能等特点，而且对复杂的光线条件有着很强的适应性。

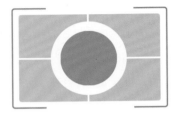

数码相机上的点测光标志

当拍摄对象与环境光线的亮度存在较大差异的时候，采用多区域评价测光模式很容易得到曝光正确的照片

光圈：F11 快门：1/500s 感光度：ISO100 曝光补偿：0

26

2.3　数码相机的曝光模式

所谓曝光，是用于表示照片整体亮度的术语。照片的亮度是由图像感应器所接收到的光的总量来决定的，而光圈和快门则指导调整光量的"调节阀"的作用。曝光正确与否，取决于光圈和快门两者之间的相互关系。在曝光值不变的情况下，如果延长快门时间，则应相应地缩小光圈，相反，当采用高速度快门时，则应开大光圈，以保证曝光值所需要的通光量。

数码单反相机顶部通常都有一个模式转盘，有的相机则显示在肩部的液晶屏幕中，通过这个转盘或者与屏幕显示所对应的按键，即可以选择不同的曝光模式。

数码相机上的曝光控制转盘

2.3.1　4种基本的曝光模式

1.　光圈优先曝光模式

光圈优先曝光模式是指摄影师手动设定光圈值和曝光补偿值，相机自动计算快门值的模式。光圈和景深联系密切，因此光圈优先曝光模式在人像摄影中使用频率超过90%。在这一模式下，摄影师可以转动拨轮等调整光圈值，数码单反相机会根据光圈设置调整曝光时间，使照片准确曝光。

使用光圈优先曝光模式时需要注意两点：

① 对于不同的光圈设定，摄影师可以通过景深预览功能来查看景深的变化。

② 在相机的拍摄数据显示屏上可以看出，随着摄影师对光圈值的调整，快门速度也会随之发生变化。摄影师要注意快门速度的变化，以防止曝光时间过长发生抖动，导致画面模糊。

在光圈优先曝光模式下，拍摄者可以根据创作的需要自主设定景深范围，由相机根据光圈设定的大小计算相应的快门速度

光圈：F8　快门：1/800s
感光度：ISO100　曝光补偿：0

2．快门优先曝光模式

快门优先曝光模式是指拍摄者手动设定快门速度和曝光补偿，相机自动计算光圈的模式。摄影师可以在数码单反相机允许的范围内设定快门速度，以达到凝固运动人物的效果。在这一模式下，摄影师可以转动拨轮调整快门速度，数码单反相机会根据快门设定调整曝光，使照片准确曝光。

快门优先曝光模式的使用要考虑到相机光圈的最大值能够达到多少，如果将快门速度设置到1/8000s，那么光圈最大值至少应该达到F/2.8。总之，要想使用足够快的快门也要看相机的光圈值是否够大，以保证曝光量的适合，避免发生曝光不足的情况。

在快门优先曝光模式下，拍摄者可以根据拍摄对象的运动速度自主地选定快门速度，以拍下其精美的瞬间。这时，相机会根据所设定的快门速度配置相应的光圈

光圈：F5.6 快门：1/1200s 感光度：ISO200 曝光补偿：0

3．程序自动曝光模式

程序自动曝光模式（P），相机会在测光后为用户自动设定光圈和快门的曝光组合。程序自动曝光模式虽然可以自动完成测光和曝光设置，但是，在该模式下仍允许用户根据拍摄需要对曝光补偿、感光度和白平衡进行自定义设置。

程序自动模式使用起来与早期使用的"傻瓜"相机操作很相似，即使对摄影了解很少，也可以轻松地拍摄出比较满意的照片，这对于摄影初学者是非常适用的。虽然拍摄过程变得简单容易了，但是对于有想法、敢于创作的人来说，使用程序自动曝光模式显然不能满足他们的拍摄要求，对于想进一步学习摄影的朋友来说也存在着一定的局限性。

当画面上的光线分布比较均匀时，程序自动曝光模式是让拍摄者非常省心的选择。相机在完成测光以后会自动地设定光圈与快门组合，以达到准确地曝光

光圈：F1.8
快门：1/200s
感光度：ISO200
曝光补偿：0

4．手动曝光模式

手动曝光模式（M）是指拍摄者手动设置相机的光圈值和快门速度的模式，适合有特殊创意和想法的摄影师使用。在这一模式下，摄影师可以完全根据自己的拍摄意图来设置光圈值和快门速度，使得拍摄出来的影像与自己想得到的影像相吻合。

使用手动曝光模式首先要将相机的模式转盘转到M，然后通过拨轮设定曝光数值。拍摄时可以通过相机取景器里的内测光表上显示的光标，来判断曝光是否符合自己的拍摄预想。内曝光表是一个横向的数轴，从负值经过0再到正值，负值表示曝光不足，"0"表示曝光正常，正值表示曝光过度。

在手动曝光模式下，摄影者可以自主地设定光圈与快门的组合，以实现自己创意构思的需要。在按下快门之前，还可以与取景器窗口内相机给出的曝光过度与不足的提示相对照，以实现正确的曝光

光圈：F11
快门：1/200s
感光度：ISO100
曝光补偿：0

2.3.2　场景模式

一些刚入门的摄影爱好者，通常都使用卡片相机、普通家用相机、高端家用相机和入门级单反相机。生产厂家往往事先设定好场景模式，并使用易于识别的图形标志来表示这些程序模式。

常见的场景模式有以下几种：

肖像模式：优先使用较大的光圈、尽可能短的景深，以虚化的背景来突出清晰的拍摄主体。肖像模式其实就是光圈优先模式的运用。适合拍摄肖像风格和近景特写风格的照片。

运动模式：优先使用较快的快门速度，从而可以清晰地捕捉快速移动着的拍摄主体。运动模式其实就是速度优先模式的运用。这种模式方便我们清晰地抓拍人物在奔跑、游戏等活动中的各种动作，以及对运动中对象的拍摄。

风景模式：优先使用较短的焦距和较小的光圈，以求得较长的景深，从而使远景和近景都能得到清晰地表现。这种模式可以把前景、主体、背景中的各个细节都拍摄得很清楚。

夜景模式：在这种模式下，会采用较大的光圈和较慢的快门速度。

微距模式：这种模式力求使用更短的景深和更短的焦距拍摄，有的相机还在镜头上设置了微距装置，选择此模式后即可进入微距镜头模式。微距模式非常适合近距离拍摄大特写照片。

风景模式

肖像模式

运动模式

微距模式

夜景人像模式

2.3.3　全自动曝光模式

全自动曝光模式的含义就是由相机做出所有的拍摄决定，我们只按动快门。全自动曝光模式是一种傻瓜式的曝光模式，在这种模式下几乎所有参数都由相机自动设置，不能人为修改。在大多数情况下，使用全自动曝光模式都能拍出画面正常的照片，但并不确保能够获得摄影者需要的效果，因此这种模式通常适用于初学者及摄影师在紧急情况下抢拍时使用。

在全自动曝光模式下，相机自主地设定光圈、快门等参数，以方便摄影初学者拍摄

光圈：F11　快门：1/640s　感光度：ISO100　曝光补偿：0

2.4 数码相机曝光控制的辅助设置

在数码相机上，特别是在比较高级的长焦数码相机和数码单反相机上，除了最基本的曝光模式外，还有一些实施曝光控制的辅助设置，主要包括感光度、曝光锁定、曝光补偿及包围曝光等。

2.4.1 感光度

感光度就是表示对亮度敏感程度的数值，目前被广泛使用的是ISO标准。

ISO是国际标准化组织的英文简称。该组织规定对亮度敏感程度用ISO100、ISO200和ISO400等数值表示。感光度决定相机对光源的感光能力，数值越大，表示相机的感光速度越快，相机能够在所设定的时间内读入更多的光信号。

调节感光度就会调整相机的感光能力，我们可以根据拍摄现场的亮度来选择不同的感光度。例如，在阳光晴好的室外拍摄时，我们可以选择ISO100，在阴天的情况下，选用ISO200，而在演唱会、夜景等光线较暗的环境下拍摄时，就应该选用ISO400，甚至感光速度更快的感光度。

2.4.2 曝光锁定

曝光锁定的英文为AE-L，全称为Automatic Exposure Lock，相机上一般用AE-L来表示。

曝光锁定指的是在我们半按快门得到正确的曝光数据后，用曝光锁定按钮固定这个曝光条件，然后重新构图，按自己的画面要求取景，最后按下快门。这个功能是我们在主体只占画面很小一部分的条件下，或者应对主体和背景或环境光的反差比较大的复杂情况时，取得正确曝光的理想工具。

在一般情况下，我们在拍摄时会对准拍摄主体半按快门对焦，这个时候，相机同时会将曝光值计算出来，而如果对焦后我们移动画面重新构图的话，曝光数值就会随着取景框中光线条件的变化而改变，这样，就有可能会造成曝光失误。

ISO感光度设置界面   使用曝光锁定功能拍摄的照片

光圈：F11　快门：1/80s　感光度：ISO100　曝光补偿：0

2.4.3 曝光补偿与18%的灰

所谓曝光补偿，就是我们可以根据拍摄现场光线条件或者根据我们的构思需要，对相机所测定的曝光值进行调整。在相机上，曝光补偿选项通常用+1、+2、0、-1、-2表示，"+"表示在相机测光所定曝光值的基础上增加曝光，"-"则表示减少曝光。

18%的灰与人皮肤平均反射光（16%～20%）的色调一样，而人是我们最常拍摄的对象，所以相机生产厂商都把18%的灰作为相机测光依据。所有的相机在测光过程中，会将它所"看到"的所有物体都默认为反射率为18%的灰色（摄影中的专业术语为"中级灰"），并以此作为测光的基准。也就是说，在相机的"眼"中，所有的被摄体都是灰色的，曝光的目的是为了正确还原这种灰色。

在光线条件比较复杂时，就容易出现曝光过度或者曝光不足的情况。在这样的情况下，我们就应该增加或者减少曝光量。

1．正曝光补偿

当我们拍摄白雪、白色服装等白色物体时，由于"18%的灰"的测光原理，相机的自动曝光系统会把它们拍摄成接近于"18%的灰"的颜色，从而导致曝光不足，这时，我们就需要使用正曝光补偿选项来增加亮度，以表现正确的白色。当我们在逆光条件下拍摄人物时，也可以使用正曝光补偿来增加人物的亮度，但是背景中的明亮部分可能会失去层次。

由于相机的测光系统以18%的灰作为测光的基准，所以很容易将白雪拍成灰色，为了准确地还原白雪的洁白，在拍摄时应该给以正值的曝光补偿

光圈：F11 快门：1/640s 感光度：ISO100 曝光补偿：+0.6EV

2．负曝光补偿

　　同理，当我们拍摄黑色物体时，由于"18%的灰"的测光原理，相机的自动曝光系统也会把它们拍摄成接近于"18%的灰"的颜色，从而导致曝光过度，这就需要我们使用负曝光补偿来减少曝光量，把由于曝光过度而变成"18%的灰"的黑色还原为正确的黑色。

当画面阴影部分较多时，就要进行负曝光补偿，使画面曝光正常，获得丰富的细节

📷 光圈：F11　快门：1/60s　感光度：ISO100　曝光补偿：−0.6EV

2.4.4　包围曝光

　　包围曝光，也称为括弧曝光，这是一种完美的曝光方式，是通过对同一对象拍摄曝光量不同的多张照片以从中获得正确曝光照片的方法。其基本的运用是以"无曝光补偿""正曝光补偿""负曝光补偿"的顺序，在0.3EV～2.0EV之间连续拍摄1组3张照片或者5张照片。

　　数码单反相机上基本都配置了包围曝光功能，在许多比较高档的卡片机和长焦相机上也都设置了包围曝光功能，我们可以很方便地让相机自动进行包围曝光拍摄。

　　具体的操作方法是：首先对被拍摄的景物主体进行测光，然后以这个测光数据为基础，通过相机上的包围曝光操控按钮或转盘来设定包围曝光的级别和张数。这个过程可以是连拍的形式，也可以是手动逐张拍摄，其补偿顺序可以由摄影者自己设定。

　　如果你的相机没有包围曝光功能，则可以通过手动设置的方法去实现它。具体方法是先按照相机测得的曝光值拍摄一张，然后在其基础上增加和减少曝光量各曝光一张，若仍无把握，可以以更细微的补偿量来多拍几张，其包围的级差可以为1/3EV，也可以为0.5EV和1EV，具体的补偿级别和张数应根据现场光线的复杂程度来设定。

以0.5的级别采用包围曝光的方式拍 | 以0.5的级别采用包围曝光的方式拍 | 以0.5的级别采用包围曝光的方式拍
摄，此为负补偿 | 摄，此为无补偿 | 摄，此为正补偿

2.5　白平衡

在摄影实践中，大都有过这样的体会，照片拍完以后与我们所见到的真实的颜色不一致，即"偏色"。其原因就在于"白平衡"没有设置好。所谓白平衡，其含义就是"不管在任何光源条件下，都能够将白色还原为白色"。准确的白平衡可以得到最佳的色彩还原。

2.5.1　光源与色温

任何光源都是有颜色的。衡量光源光谱成分（含色）的度值称为色温，也称光源色温度。它表示光源的色光成分，用"K"来表示。以我们常见的光源为例，春秋季节中午的阳光色温为5400K，相机所使用的闪光灯的色温为5200K～5600K，我们家用的日光灯色温为6600K左右，而钨丝灯为2600K～2900K。

色温高低色彩变化示意图

光源的色温变化会影响被摄物体的色还原，被摄物体反射的光线色温高，所获得的影像就会偏蓝，被摄物体反射的光线色温低，所获得的影像则会偏红。因为白色对于色温变化的反应最为敏感，所以数码相机以白色作为调节色温以准确还原色彩的基准颜色。

2.5.2　色温对摄影画面色彩的影响

在彩色摄影中，光源色温的高低直接影响着被摄体色彩的再现。如果光源色温高于感光片的标定色温时，拍摄的画面影像偏蓝；当光源色温低于感光片的标定色温时，拍摄的画面影像偏橙红色。

不同光源的色温值是不一样的，常见光源的色温值如下表所示。

不同光源	色温值
中午及中午前后的日光	5500K
日出、日落时刻	2000K～3000K
日出后及日落前1小时	3000K～4500K
薄云遮日	7000K～9000K
阴天	6800K～7500K
晴朗的北方天空	10000K以上
电子闪光灯	5500K
新闻碘钨灯	3200K左右
家用白炽灯	（100W～250W）　2600K～2900K
卤钨灯	3200K左右
火柴光	1700K
蜡烛光	1850K

2.5.3　对白平衡进行调整的主要方式

在数码相机上，对白平衡调整一般有3种方式：自动白平衡、预置白平衡和自定义白平衡（也称手动白平衡调整）。

自动白平衡：即由相机根据现场光源情况自动设置白平衡，这是让拍摄者最省心的设置方式，在日光等常见的光源条件下，常常能得到满意的效果。

预置白平衡：即在相机上预先设定好的白平衡模式。拍摄者可根据现场光源将白平衡设置在相应的图形标志上，例如在钨丝灯光下使用钨丝灯预置，就可以得到正常的白平衡还原。

自定义白平衡：即拍摄者对相机的色温K值自行设置。

自动白平衡　　自定义白平衡　　日光白平衡　　阴影白平衡　　阴天白平衡　　荧光灯白平衡　　白炽灯白平衡　　闪光灯白平衡

2.5.4　白平衡的不同设置对影像的影响

对于同一个拍摄对象来说，只有在对白平衡进行了准确的设置之后才能准确地还原其本来的色彩。除了相机的自动白平衡功能之外，我们还可以通过手动定义色温的K值，或者使用相机的预置白平衡功能去设置。如果采用了不当的设置，就势必会造成影像的偏色。

需要特别注意的是，曝光正确与否也对影像的色彩还原有着直接的影响，曝光量过大或者过小，都会使影像出现偏色。对于这一点，一定要有清醒的认识，尽量避免曝光失误。

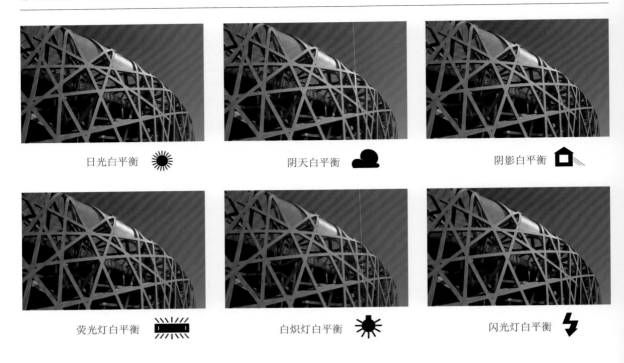

日光白平衡 ☀   阴天白平衡 ☁   阴影白平衡 ⌂

荧光灯白平衡 ▬   白炽灯白平衡 ☀   闪光灯白平衡 ⚡

2.5.5　巧用白平衡营造色彩效果

　　根据"光源的色温变化会影响被摄物体的色彩还原"的原理，我们可以通过自定义白平衡的色温故意使照片偏色，从而达到突出某一种色彩效果的创作要求。

　　巧用白平衡的方法主要有两种：一种是直接设置色温的K值。例如，月光的色温一般为5800K，如果把色温值设置为6300K，照片就会偏蓝一些，这样就可以有效地突出夜色的静谧。另一种方法是巧用预置白平衡。例如，拍摄日光下的欢庆场面，可将预置白平衡设置为钨丝灯模式，以使照片偏红偏黄，从而突出画面中喜庆的氛围。

白平衡设置界面

巧妙设置白平衡拍摄出唯美的画面

光圈：F11 快门：1/10s 感光度：ISO100 曝光补偿：0

2.6　内置闪光灯

在卡片式数码相机、长焦数码相机和入门级及中档数码单反相机上普遍都带有内置闪光灯，数码单反相机的内置闪光灯一般设置在机顶的位置，所以又将其称为机顶闪光灯。

2.6.1　内置闪光灯的基本闪光模式

闪光灯的主要作用是照亮场景，以获得正确的曝光。数码相机上的内置闪光灯通常至少包括3种基本方式，即：自动闪光（E-TTL Ⅱ）。手动闪光和多次闪光。很多相机上还设有防红眼模式、慢速闪光模式等特殊的闪光模式。对这些闪光模式的调控一般通过一个按键和一个选择键就可实施控制，少数机型则需要配合菜单选择和调控。

2.6.2　内置闪光灯的使用

数码相机的自动闪光选项是一种很省心的闪光拍摄模式，拍摄时相机会自动判断场景光线的亮度，如果环境昏暗，就会自动打开闪光灯进行闪光以弥补光线的不足，从而拍摄出光线均匀的图像。

当拍摄现场亮度不足的时候，如黄昏或者夜晚拍摄夜景人像，如果相机没有设定为自动闪光模式，我们应该主动地打开内置闪光灯实施拍摄。而在逆光、侧逆光条件下拍摄时，尽管拍摄对象与背景的亮度反差较大，但相机一般会认为环境够亮而不自动闪光，这个时候，我们应该将闪光模式调整在强制闪光状态为拍摄对象补光。

自动闪光模式

手动闪光模式

多次闪光模式

在昏暗的环境中拍摄人像，很容易导致照片曝光不足，致使影像暗淡

光圈：F4　　　快门：1/125s
感光度：ISO100　曝光补偿：0

打开相机内置闪光灯，可有效地照亮人物，拍摄出照片中人物所特有的青春靓丽的本色

光圈：F4　　　快门：1/125s
感光度：ISO100　曝光补偿：0

Chapter 3　摄影用光

在摄影中，光线是形成画面的根本，是构图、造型的重要手段。光线不同，产生的艺术效果就不同，给人的感觉也就不同。摄影其实就是对光线的处理和把握，是一个正确选择和表现光线，生动、准确地表达主题思想的过程。

能力与素质目标

3.1　光的基本特性

　　摄影是用光的艺术，光是摄影的基本条件。摄影术的英文是"Photography"，意为光画，即用光作画。如果我们把相机比做画家手中的画笔，那么，光线就是画家的油彩。

　　摄影者通过对光的选择、调度、控制，可以逼真地再现被摄对象的形状、颜色、质感和空间位置。运用特定的光线，还可以有选择地突出或者抑制被摄对象的某些内容的表现，以实现作者的创意。同时，光线的运用对于作品主题的表达、环境气氛的渲染，以及思想感情的传递起着重要的作用。

　　光从光源以每秒30万千米的速度向外辐射。当它照射到物体上时，会发生不同程度的反射。光的反射使我们看到了物体的形状和颜色。同时，光照也能使某些物质发生化学变化。光的照射作用和化学作用使得摄影术的发明成为可能。

光是摄影的基本条件，光线是摄影者手中的画笔，有了这支神奇的画笔，就可以创造出最美的画面
光圈：F8 快门：1/800s 感光度：ISO100 曝光补偿：0

　　光是一种能量：光是自然界中的一种能量，光的基本特性是直线传播，例如在建筑物的背光面形成阴影，透过林中的晨雾形成动人的光束。在摄影中，光的直线传播是形成影像的基础。

　　光的反射：在物体表面发生反射是光的另一种基本特性，粗糙的物体表面会使入射光朝不同的方向反射，我们称这种反射光为散射光，散射光看起来比较柔和。一般来说，浅色表面反射率高，有些白色表面反射率可达99%，而黑色表面会吸收大部分入射光。

3.2 摄影光源的种类及特点

在摄影中，把常用的光源分为自然光和人工光两大类。

3.2.1 自然光

自然光指太阳光、天空的漫散射光及月光。自然光的强度和方向无法任意调节和控制，只能选择和等待。所以在摄影中，应了解自然光对摄影的影响。

当我们在明亮清晰的阳光下拍照时，所得到的光线效果就是明暗反差较强的直射光线

光圈：F2.8 快门：1/500s 感光度：ISO100 曝光补偿：0

1. 直射光

直射光指的是明亮的太阳光，太阳光因早晚时刻不同，其照明的强度和角度也不一样。我们根据太阳与地面构成的角度，可将全天的直射阳光分为以下 3 个阶段。

早晚的太阳光：当太阳从地平线升起或傍晚即将西沉之时，太阳光和地面呈0°～15°夹角。景物的垂直面被普遍照亮，并留下长长的投影。太阳光透过厚厚的大气层之后，光线柔和，和天空光的光比约为2:1。早晚还常常伴有晨雾和暮霭，空气透视效果强烈，在逆光下这一特点尤为突出。利用这种光线拍摄的近景照片，影调柔和；拍摄大场景照片时，则显得浓淡相宜，层次丰富，空间透视感强。

上午和下午的太阳光：上午和下午的太阳光（通常是指上午8:00—11:00，下午2:00—5:00）与地面呈15°～60°夹角。这一时刻的光线，照明强度比较稳定，能较好地表现地面景物的轮廓、立体形态和质感。在摄影中，将这段时间称为正常照明时刻，此时主体周围的环境反射大量的光，从而缩小了被摄体的明暗光比。

中午的太阳光：又称顶光，是一种魅力独特的光线，可以营造特殊的光效。顶光与景物、相机呈90°左右的角度，从上向下垂直照射地面景物，景物的水平面被普遍照亮，而垂直面的照明却很少或完全处于阴影中。

2．散射光

散射光主要有以下 3 种。

天空光：天空光主要是指太阳光在大气层中经过多次反射，形成的柔和漫散射光。

薄云遮日：当太阳光被薄薄的云雾遮挡时，便失去了直射光的性质，但仍有一定的方向性。景物在这种光线的照明下，明暗光比较小。如果利用这种光线照明拍摄人像照片，能获得有一定反差、影调柔和的影像。

乌云密布：浓云遮日的阴天或雨天、雪天，太阳光被厚厚的云雾遮挡，形成阴沉的漫射光，完全失去了方向性，光线分布均匀。景物在这种光线的照明下，光比小，色彩昏暗。在这种光线照明下拍摄的照片，立体感差，影调平淡。

散射光的光质柔和，光比小，而且投影浅，阴影少，层次丰富

光圈：F8 快门：1/100s 感光度：ISO200 曝光补偿：0

3．室内自然光

室内自然光与室外自然光有着明显的区别，它看起来像散射光，但有较明显的方向性和较大的光比，主要受以下几方面因素的影响。

受室外自然光的影响：室外自然光越强，室内越明亮；反之则越暗。

受室外景物的影响：室外如果有高大的建筑物或者植物等遮挡了门窗，射入室内的光线就少，室内就阴暗；反之则明亮。

受门窗的影响：门窗越大、越多，射入室内的自然光就越多，室内就越明亮；反之，则越阴暗。

受被摄主体距门窗远近的影响：若被摄主体距门窗近，则主体受光多，显得明亮，明暗反差大；反之则反差小。

室内自然光，特别是在接近窗户拍照时所使用的室内自然光，兼有直射光与散射光两者之长，即带有直射光的方向性，又带有散射光柔和细腻的特点

光圈：F5.6 快门：1/640s 感光度：ISO100 曝光补偿：0

3.2.2 人工光

人工光是摄影常用的光源，其光照强度、照明方向、照明高度和光线色温等都可以由摄影者调控。可供摄影照明的人工光源有很多，除电子闪光灯外，常用的还有聚光灯、漫散射灯、照相强光灯、石英碘钨灯、荧光灯、白炽灯及火光、烛光等。

1. 聚光灯

聚光灯在灯泡前面装有聚光镜片，在灯泡后面装有小型反光碗。灯泡可在一定范围内前后调节，灯泡距聚光镜片越近，发出光束越散，照明面积越大，亮度越低；灯泡距聚光镜片越远，光束越集中，照明的面积越小，亮度越高。聚光灯所发射出的光具有直射光的性质，明暗反差强烈，使用时如果在灯前加用一个散光网罩，可使光线变得柔和些。

2. 漫散射灯

漫散射灯在灯泡的后面多装有反光罩。所用灯泡为磨砂灯泡或乳白灯泡，射出的光线像漫散射光一般柔和，色温为2900K左右。

3. 石英碘钨灯

碘钨灯的灯丝密封在含有碘蒸气的石英玻璃壳内，有管状和球状两种。其体积小、重量轻、发光功率大、色温稳定在3200K左右，是用得较多的一种照明工具，广泛用于新闻、科技、广告和服务性摄影行业。

人工光可以弥补自然光源的不足，有些场合甚至完全使用人工光进行拍摄都可以

光圈：F8 快门：1/200s 感光度：ISO100 曝光补偿：0

使用石英碘钨灯时应注意以下几点：

① 工作时应处于水平状态，倾斜角不得超过4°，否则会缩短其使用寿命。

② 不能剧烈震动或撞击，以免损坏灯丝和玻璃壳。

③ 安上灯管之后，应用脱脂棉蘸乙醇擦净灯管上的指纹和油污。

3.3 光在摄影中的造型作用

光线在摄影中的作用主要是照明和造型，造型作用主要体现在表现被摄物体的形态、表现被摄物体的空间位置、表现画面的影调、表现被摄物体的质感和制造特定的气氛5个方面。

3.3.1 表现被摄物体的形态

我们能够看到物体的外部形状、结构和颜色，是因为物体对光线的反射所致。不同性质、不同方向的光线有助于摄影者表现被摄对象的形态，塑造不同的画面效果。顺光有利于表现出受光面的形状，但是物体的轮廓形态和立体感表现得比较差；侧光可以形成物体表面的受光面、阴影面和投影，有利于表现物体的形态和立体感；侧逆光、逆光有着强烈的明暗反差，因此更有利于表现物体的轮廓，在这种光线下拍摄可有效地剔除被摄体的质感、结构、色彩等信息，从而营造迷人的剪影、半剪影效果。

光线的处理对于被摄体形态的表现具有非常重要的意义，不同性质、不同方向的光线能够塑造出不同的画面效果

光圈：F8 快门：1/200s 感光度：ISO100 曝光补偿：0

3.3.2 表现被摄物体的空间位置

自然界的物体具有长、宽、高三个维度，而摄影是在二维的画面上表现物体的。因此，要想表现出物体的立体形态和空间透视效果，就必须利用光线的明暗关系。被摄景物在光线的照射下，由于空气介质和尘埃对光线的折射和反射作用，使得近处的景物比较清晰，远处的景物比较模糊；近处的景物色调深一些，远处的景物色调浅一些；近处的景物色彩饱和、鲜明，远处的景物色彩比较灰暗，这种影调透视的现象就造成了画面的空间深度感。在侧光、逆光照明下，这种影调透视所造成的空间深度感会更加强烈。

在摄影画面这样的二维空间中表现处于三维空间中的拍摄对象时，需要为其营造画面的三维空间深度。呈现这样的画面效果，方法有多种，运用大气尘埃所形成的空气透视效果是一种常见的表现手法

光圈：F8 快门：1/200s 感光度：ISO100 曝光补偿：0

3.3.3 表现画面的影调

影调是指画面上的明暗过渡层次和等级。光线直接影响着影调的效果，不同的光线在画面上会产生不同的影调效果，在强烈直射光照明下，影调对比强烈，在弱光或散射光照明下，影调对比减弱。同样是直射光照明，光源照射方向不同，产生的影调效果也截然不同。在拍摄过程中要正确地选择光线，控制好画面的影调变化，表现出被摄对象应有的反差、质感和层次。

不同的光线条件（如晴天、阴天、雾天、雪天等），会呈现出不同的影调效果，给人以不同的视觉感受。在摄影实践中，我们可以利用现实的影调效果，拍摄相应的题材，也可以调动各种摄影技术手段，强化、抑制甚至改变影调效果，为作品的风格、主题来服务。

摄影创作一个重要的环节就是调动技术手段来表现物体丰富的影调和细腻的层次过渡

光圈：F5.6 快门：1/800s 感光度：ISO100 曝光补偿：0

3.3.4 表现被摄物体的质感

质感是物体表面的纹理结构，自然界中的对象有着不同的质感。质感在给予我们物质印象的同时，还帮助我们感受物体的重量、体积和软硬度。在摄影中，刻意地表现质感，有助于传达画面所表现的三维效果，使画面中的物体看起来更加生动，给观赏者以更强烈、更真实的视觉刺激。

在摄影实践中，应该根据不同质感的物体对光的吸收与反射，采用不同的用光方法来表现出它们的表面纹理、质地和色彩。对于表面结构极其粗糙的物体，往往采用具有一定亮度的、与物体表面呈一定角度的侧光、侧逆光照明，以突出其质感特征。对于表面结构光滑的物体，则应当用倾斜的、从一定角度射向被摄体表面的散射光，并且要从能见到其表面高光的位置拍摄，以在其表面形成高光点。透明的物体一般可采用逆光、侧逆光照明，让观赏者在画面上看到光线穿过透明体的效果。镜面物体则可采用极柔和的散射光照明。

被摄物体质地不同，对光的反射表现也不同。表现它们的质感有多种手法，其中最常用的就是运用光线去真实细腻地刻画它们的质地、细节

📷 光圈：F5.6　快门：1/400s　感光度：ISO100　曝光补偿：0

3.3.5　制造特定的气氛

在摄影中，可利用光线的变化来制造特定的气氛。自然界的光线千变万化，有时晴空万里，有时乌云密布；有光线强烈的中午，有光线较暗的早晨和傍晚。利用不同的自然光照明拍摄出的画面能使人们产生身临其境的感受。

在清晨或者傍晚光线色温较低的时候，其偏暖的色彩基调可以使画面蒙上一层浓浓的暖意。在这种光线条件下拍照，就可以充分发挥其长处，营造和渲染作品要表现的意境

📷 光圈：F8　快门：1/600s　感光度：ISO100　曝光补偿：0

3.4 光位及其在摄影实践中的应用

光位指的是光线的方位，即光源所处的位置。不同的照明方向和照明角度会产生不同的照明效果。以被摄体为圆心，在水平面和垂直面各做一个圆周，可将光线按光位划分为顺光、侧光、逆光、顶光及脚光等。

水平面光位示意图

3.4.1 顺光

顺光又称正面光，其照明方向与照相机的拍摄方向一致。正面光照明均匀，阴影少，能隐没被摄体表面的凹凸不平，影像明朗；但难以表现被摄体的明暗层次，画面平淡。使用正面光拍摄时要注意主体与环境的色调对比，以求主体与环境在亮度和色彩上有明显差异。

顺光下的景物光照均匀，对曝光模式的选择相对比较容易。一般情况下，由数码相机所设定的全自动曝光模式或者程序曝光模式就能够得到正确的曝光；场景模式中的风景模式也能够圆满地完成曝光任务。如需自主选择测光方式，可选用中央重点平均测光模式。

顺光极少有斜侧光线所形成的阴影，画面平淡但是很细腻，最适合表现温馨的情调

光圈：F2.8 快门：1/1600s
感光度：ISO200 曝光补偿：-0.3

3.4.2　侧光

侧光分为正侧光和斜侧光。

1．正侧光

正侧光又称全侧光，光源与摄影镜头的主光轴呈90°夹角。正侧光拍摄的照片反差大，立体感、质感和空间透视感都很强。另外，正侧光会在正对相机位置的另一侧留下重重的阴影，画面的亮部和暗部有着强烈的对比效果。

在正侧光下拍照，由于明暗对比强烈，稍有不慎就会使亮部或者暗部失去层次、细节，所以对于测光的把握非常重要，通常采用点测光加曝光补偿的方法。具体来说是使用点测光方式对画面亮部测光，然后调用相机的曝光补偿功能，以1/3～1/2的级别设置正补偿。拍摄时可多拍几张，方便从中选优。

合理地运用光影关系，能够拍摄出对比强烈、层次丰富的画面

📷光圈：F11　快门：1/800s 感光度：ISO100 曝光补偿：0

2．斜侧光

斜侧光又称前侧光，光源位于相机的左右两侧，与相机的主光轴构成45°左右的夹角。使用斜侧光拍摄可以形成明显的立体感，且影调丰富，色调明快。

斜侧光在自然光条件下是指上午9点至11点、下午3点至5点的光线，这种光线投影面积适中，画面节奏明快，明暗部位的层次、细节都有良好的表现，被业界称为最美的光线。

拍摄之前的测光采用中央重点平均测光或者矩阵测光方式，基本上都能得到令人满意的效果。如果拍摄时的光线对比较强，加1/3或者1/2挡的曝光补偿即可。更好的选择是调用相机的包围曝光功能，可以正负1/3或者1/2挡连拍5张，拍摄完成以后从中选出满意的效果。

斜侧光是摄影创作中最常见的用光方法，它的特点是画面节奏明快，层次细节清晰，
深受广大摄影人士的喜爱

光圈：F11 快门：1/125s 感光度：ISO100 曝光补偿：0

3.4.3　逆光

逆光可分正逆光和侧逆光。

1. 正逆光

正逆光指光源正对着摄影镜头的照明。在正逆光照明下，被摄物正面处于阴影中，可以拍摄成剪影照片。正逆光是很有创意的光线，在风光摄影中，常常利用它来表现多层景物的深度和大气透视效果。日出日落、朝霞晚霞，以及丛林、厂房里透射过来的光线，都是逆光在风光摄影中最典型的应用，画面明暗对比强烈，晶莹透亮，色彩清新，富有生气。拍摄逆光作品时应在亮部测光，然后按照自己所希望得到的画面亮度选择适当的曝光补偿。

利用逆光所形成的亮部与暗部的强烈反差，可以拍摄出奇异而又迷人的剪影效果

光圈：F22　快门：1/800s　感光度：ISO100　曝光补偿：0

2. 侧逆光

当光源从被摄体的侧后方，与摄影镜头的主光轴构成135°左右的夹角时，即为侧逆光照明。运用侧逆光照明拍摄时，阴影部位明显，反差很大，易于勾勒出被摄体的轮廓。因17世纪的荷兰画家伦勃朗擅长运用侧逆光，故又被称为"伦勃朗光"。

在侧逆光下，拍摄对象朝向镜头的一面大部分处在阴影之中，一侧有一条明亮的光线，勾勒出主体和背景的界限，不但画面非常漂亮，而且能够有效地表现画面的空间深度。拍摄时，应在画面的亮部测光，给以适量的（半挡至一挡左右的）曝光补偿。在选用侧逆光照明时，如果对其阴影部分加辅助光照明，可以使暗部的影调层次和质感也得到较好的表现，尤其是在刻画人物形象时非常有用。

侧逆光能够以其金黄明亮的光影勾画出被摄对象的轮廓。在晴朗的光线条件下，人物的下半部分
也会得到理想的照明效果，因而被很多摄影人士所钟爱

光圈：F2.8 快门：1/60s 感光度：ISO100 曝光补偿：+0.7

3.4.4　顶光

当光源从被摄对象的顶部垂直向下照明时，其照明角度与相机镜头的主光轴构成近乎于垂直的角度，便形成了顶光。在顶光照明下，被摄对象水平面明亮，垂直面阴暗，两者之间形成强烈的反差。这种光线一般不宜用来拍摄人像，但是用于拍摄风景时，却可以得到鲜明的造型效果。在中午，尤其是晴空万里的中午，阳光从顶部照射下来，建筑物的受光面与未受光面的亮度对比非常鲜明，变化非常强烈，立体感尤其突出，建筑物的线条、轮廓感相当清晰，有着非同寻常的造型效果。

顶光的运用使得画面中唯一的主体更显威严

📷光圈：F11 快门：1/400s 感光度：ISO100 曝光补偿：0

3.4.5　脚光

脚光，也称为低角度光线，主要包括以下两种形式：

①　光线与水平面的夹角在15°以下的光线，日出或者日落时的光线是其典型的代表。这时的阳光较低，天空是最亮的部分，与地面景物形成很大的反差，地面景物面向阳光的垂直面光线强、照度高，而水平面光线较弱，形成明暗对比，物体在地面上有一个长长的影子，这样的光线适合刻画刚毅的画面风格。

②　在人物摄影中从低于人物的低角度照射上来的光线，常作为补光来照射人物鼻下、颌下浓重的阴影，被摄对象下明上暗。

合理、巧妙地利用脚光，往往会收到与众不同的个性效果，营造出某种特定的氛围。

在人物摄影中合理、巧妙地利用脚光来补光照明人物鼻下、颌下浓重的阴影，可以营造出某种特定的氛围

光圈：F8 快门：1/200s 感光度：ISO100 曝光补偿：0

3.4.6 美丽的"黄金光位"

在自然光条件下，当太阳光从45°～60°这一高度范围照射下来的时候，即上午9点～11点、下午2点～5点这一时段的光线，是人们生活中最熟悉的光线，也是众多摄影师最喜欢的光线。在这时的光线照射下，大地上的景物层次分明，质感清晰，人物或景物亮部和暗部的搭配也很合理。这个角度的光线无论是拍风光、建筑、花卉、人物等，都更有利于被摄体立体感、空间感、质感、景物反差、色彩、线条等方面的表现，对人物的面部造型和皮肤的质感也有很好表现，同时对前后景物及整个画面所纳景物都能兼顾，使画面更加自然。因此，这一光线角度被有经验的摄影人士称为"黄金光位"，是摄影创作中最理想也最常见的造型光线。

黄金光位在人像摄影中被人们称为"最美的光线"

光圈：F11 快门：1/200s 感光度：ISO100 曝光补偿：0

3.5　光线性质及其在摄影实践中的应用

　　光线的性质（光质）是指光线的软硬质地，不同的光质会在照片上形成软硬不同的影调。根据光质的不同，光线可以分为直射光、散射光和反射光。

3.5.1　直射光

　　直射光又称为"硬光"，是指由点光源发出的强烈光线，如明亮的阳光。硬光有高度的方向性，被摄对象有明显的受光面、背光面和投影，明暗反差大，立体感强。硬光光源发光的面积越小、离景物越远，光线就越硬。

　　摄影中所用的直射光主要有以下两种：

　　① 无遮挡的太阳光。

　　② 能发出直射光的人工光，如聚光灯、电子闪光灯等。

直射光下的景物明暗反差比较强烈，有着鲜明的明暗界限和清晰的轮廓，影调明朗，立体感很强

　　📷 光圈：F11 快门：1/400s 感光度：ISO100 曝光补偿：0

3.5.2　散射光

散射光又称为"软光"。它是一种散射的、不产生明显阴影的柔和光线，例如阴天的光线。软光下的物体亮度反差小，画面影调平淡。

散射光有以下两种：

① 阴天、雨天、雾天、雪天，以及日出前、日落后单纯的天空光照明效果。

② 经过柔化处理的人工光。

使用散射光拍摄的照片明暗反差较小，立体感不明显，影调柔和。在人物摄影中，运用散射光照明可拍出色彩鲜艳、影调柔和、层次丰富的作品。在风光摄影中，散射光难以表现被摄景物的立体感和纵深效果，但可拍摄出具有朦胧美的风光摄影作品。

夕阳西下，利用散射光拍摄的画面具有朦胧的韵味

光圈：F5.6 快门：1/800s 感光度：ISO100 曝光补偿：0

3.5.3　"薄云蔽日"——让人惬意的光线

除了直射光和散射光之外，还有一种让我们感到最惬意的光线——"薄云蔽日"下的光线。在这种光线条件下，拍摄出的人物或者景色亮部明亮可人，暗部亦有层次，其亮部之亮，足以清晰地表现出层次细节，暗部之暗，作为画面的重要内容亦恰到好处。

由于薄云蔽日兼有晴天和阴天两者之长且无两者之短，拍摄出的画面既清晰又显柔和，所以，被人们称为最美的光线。在这种光线下拍照，采用中央重点平均测光或者更精细的矩阵式测光都能够得到理想的效果。

薄云蔽日下的光线，亮部明亮可人，暗部亦有层次，适宜营造明朗而又甜美的画面风格

光圈：F8　快门：1/200s　感光度：ISO100　曝光补偿：0

3.5.4　反射光

投射到物体上，受光面反射出的光线称为反射光。

反射光主要有以下两个来源：

① 自然界里的反光物体，例如雪地、沙滩、水面、冰面、玻璃和浅色墙壁等。

② 为了摄影的需要而通过人工产生的反光，常用的反光工具为反光板和反光伞。

反射光的强弱、光质的软硬与反光物体表面的颜色、结构有着密切的关系。白色物体反光能力强，黑色物体反光能力弱，灰色物体的反光能力则介于白色与黑色之间。表面光滑的物体反光能力强，具有直射光的性质，表面粗糙的物体反光能力弱，具有散射光的性质。

在摄影中，特别是在户外摄影中，反射光主要用来补光照明，以缩小被摄主体的光比，缓和画面的明暗反差。在影室摄影中，对反射光的应用也很广泛，主要用途是营造某种光线效果，或者以较弱的光线为主光补光。

通过人工产生的反光，用以补充夜幕降临前光照的不足

光圈：F11　快门：1/200s　感光度：ISO100　曝光补偿：0

3.6　光比

光比是指被摄体的受光面与阴影面之间的亮度比，是摄影用光的重要参数。光比大，反映在照片上的影调硬，层次少，立体感强，反差大；光比小，反映在照片上的影调软，层次丰富，立体感差，反差小。在摄影中，应根据被摄体的情况和摄影者的拍摄意图来确定和调控光比。

3.6.1　影响光比大小的因素

影响光比大小的因素主要有以下几种：

光位的影响：被摄体在正面光的照射下，光比小；在前侧光、侧光的照射下，光比适中；在逆光、侧逆光的照射下，光比大。

光质的影响：直射光光比大，散射光光比小。

气候的影响：晴天光比大，阴天、雨天和雪天光比小。

季节的影响：夏季直射阳光的光比大，冬季直射阳光的光比小。

灯具发光功率的影响：功率大的灯光比大，功率小的灯光比小。

光源距离的影响：使用人工光照明时，被摄对象距光源的距离近，光比大，反之则光比小。

不同灯具的影响：使用人工光照明时，被摄对象在聚光灯下光比大，普通照明灯下光比小。

3.6.2　对光比进行调整的方法

当被摄对象的光比不符合摄影创作的要求时，应该想方设法对光效进行调整。调整的方法主要是利用反射光或者加用补光来缩小光比或增大光比。此外，利用离机闪光灯或者机顶闪光灯对光比进行调整也是行之有效的好方法，在使用时，应根据需要的光比对闪光灯的功率或者拍摄距离进行调整、设定。具体的调整方法如下：

1.　降低反差

在直射光照明下，被摄景物光比很大，特别是当采用侧光或逆光照明时更为明显，在这种情况下拍摄出的照片，画面反差强烈，暗部的影纹层次得不到应有的表现。为了降低反差，可采用反光板、反光伞或手持闪光灯对被摄体暗部进行补光，使被摄体暗部的影纹层次得到应有的表现。也可利用被摄主体周围浅色物体的漫反射光对被摄体暗部进行照明。同时，还应注意周围环境的色彩，环境的颜色常常会在被摄体的暗部清晰地呈现出来。

2.　提高反差

如果被摄景物的光比过小，会使照片反差小，缺乏立体感。这时，可利用人工光照明提高画面的明暗反差。在阴天，被摄景物的光比一般比较小，为了提高影像的明暗反差，可用电子闪光灯的灯光作为主光对其进行闪光照明，其亮度明显强于自然光的亮度，但照明的方向和角度都应符合自然光的照明效果，以防弄巧成拙。

利用反光板为暗部补光，以降低画面反差

光圈：F1.2 快门：1/200s 感光度：ISO200 曝光补偿：0

利用电子闪光作为主光对人物进行照明，提高画面的反差

光圈：F1.8 快门：1/200s 感光度：ISO100 曝光补偿：0

3.7　影响摄影曝光的因素

　　准确曝光是拍出好照片的前提。要做到准确曝光，主要应考虑光照度、景物亮度、物距，以及光的照射方向、光源与被摄体的距离等方面的影响，这几个方面都直接影响到摄影曝光值的设定。

3.7.1　光照度的影响

　　光照度也称光度，是指光源的发光强度、光线在物体表面的照度及物体表面所呈现出的亮度，其中，光源的发光强度（即照明强度）对摄影的影响最大。

　　光照度直接影响着摄影曝光的效果，主要表现在以下几个方面：

　　① 影响曝光值的选定。

　　② 间接地影响着景深和动体的虚实程度。

　　③ 光照的强度不同，所产生的画面效果也不同，这会给观赏者带来相应的情绪反应和情感体验。

　　了解光照度对摄影曝光的影响，有助于实现准确的曝光，还有助于我们抓住强弱不同的光线反映在画面上的效果来突出作品主题，传递相应的情感。

　　具体地说，光照度的影响主要表现在以下4个方面：

　　① 天气的变化。

　　② 四季的变化。

　　③ 早晚时间的变化。

　　④ 地域的变化。

3.7.2　景物亮度的影响

　　物体表面的组织结构不同，吸收和反射光线的程度也不同，因此各类景物的亮度相差很大。

　　对摄影曝光有影响的景物大致可分为3类：

　　① 湖、海、天空白云、雪景。

　　② 江河、高山、风景、浅色建筑物。

　　③ 近景、人物、一般建筑物。

　　环境反射光的强弱同样是影响被摄体亮度的重要因素，有几种常见的景物的反射系数要记住：白雪98%～100%、黑绒2%、一般景物18%、白墙90%、江河湖水35%、绿色植物8%。

3.7.3　影响曝光的其他因素

1.　光的照射方向

　　顺光的景物受到阳光的全面照射，受光面大，亮度高。如景物是侧面受光，有一部分处于阴影中，受光面比正面光的景物小，亮度也就偏低了。逆光下的景物几乎全部处在阴影中，亮度当然更低。一般情况下，拍摄侧光景物要比拍摄正面光景物增加一倍的曝光时间，拍摄逆光又要比拍摄侧光增加一倍的曝光时间。

2．光源与被摄体的距离

阳光来自遥远的天空，与被摄体距离远近的差别可忽略不计。在点光源，特别是人造光源的照明下，根据被摄体距光源远近的不同，照度上的变化也极大。距光源愈近，照度愈高；距光源愈远，照度愈低。物面的照度和物体到光源的距离平方成反比，这就是平方反比定律，其公式为：照度=光源的发光强度/光源到被摄物体距离的平方。这个公式说明，任何光源的照度随距离的增加而减少，即按距离的平方数降低。若被拍摄主体原来距光源1米，当它再移远1米以后，照度就只有原来的1/4了。

景物自身的亮度也会对摄影曝光产生影响。广阔的海平面自身的亮度明显高于其他景物，所需要的曝光值也会较小

光圈：F11 快门：1/250s 感光度：ISO100 曝光补偿：0

Chapter 4 　摄影构图

　　摄影构图，就是摄影时画面的结构和布局。是摄影者运用各种造型手段，在画面上生动、鲜明地表现出被摄对象的形状、色彩、质感、立体感、动感和空间关系，使之符合人们的视觉规律，让观赏者取得满意的视觉效果，向观赏者传达摄影者情感的过程。

能力与素质目标

4.1 认识摄影构图

构图是指画面形式的处理和安排，就其实质来说，是解决画面上各种因素之间的内在联系和空间关系，把它们有机地组织在一个画面上，使之形成一个统一的整体。因此，构图乃是摄影家将自然界的"形"变成艺术的"形"过程中的一个重要环节，置于构思和具体表现方法之中。

4.1.1 构图的含义

构图（Composition）是造型艺术的术语，它的含义是：把各部分组成、结合、配置并加以整理，得到一个艺术性较高的画面。

绘画时根据题材和主题思想的要求，把要表现的形象适当地组织起来，构成一个协调的完整的画面称为构图。应用在摄影当中，是指把人、景、物安排在画面当中的最佳布局方法。

4.1.2 摄影构图的目的

优秀的照片必须具有深刻的内容、丰富的信息，同时也需要具备与内容统一的表现形式；摄影构图所研究的就是表现内容的形式及其规律。

艺术创作的原则是突出主体，揭示主题思想。摄影构图的目的就是通过突出主体揭示主题思想。主体是主题思想的体现者，主体和陪体、环境既有主次之分，又相互关联。在摄影构图中，一切造型手段，诸如画面格式的确定，空间位置的安排，光线、影调的处理，不同视角的运用等，都要从突出主体、体现主题出发，尽可能地构成完美的表现形式，使照片产生更大的表现力、感染力和说服力。

4.1.3 摄影构图的要求

摄影构图的要求是：简洁、完整、生动和稳定。

简洁：简明扼要；与主题无关的、不必要的景物一律撇开；去芜存菁、突出主体、使主题鲜明。

完整：指被拍摄的对象必须在画面中给观众以相对完整的视觉印象，特别是主体不能残缺不全，影响主体和主题的表现。

生动：拍摄人物时，要抓住最能反映其性格的瞬间姿态；拍摄事件时则必须抓住事件发展的高潮，要注意其典型性和现场气氛。根据主题思想来考虑光线的运用，在画面结构上既要统一又要多样，不能呆板。

稳定：画面景物要在视觉上给人以安定之感。对称和均衡都是稳定，前者比较呆板；后者则比较活跃。影调的深浅分布不当、拍摄角度的俯或仰，以及水平线、地平线的倾斜，都会影响画面的稳定感。

4.2　画面造型的基本要素

　　摄影画面是通过表现物体的形态而存在的，客观世界中物体的形态是画面造型的基本要素，它们表现在摄影构图中，就是点、线、面的组合搭配。点、线、面是构成画面是最基本的元素。

4.2.1　点

　　点是造型元素中最小、最单纯、最基本的形态。点是一个活跃的造型因素，会使摄影画面产生线、面、体等各种形态。点与面的对比（如大面积黑中的小白点），会产生突进感；因此在形成点的构图中，大面积因素则形成了背景，小面积的点则容易形成为画面主体。

点是一个非常活跃的造型因素，它不但可以独立存在，亦可以在画面中产生线和面的视觉效果

光圈：F11　快门：1/640s　感光度：ISO100　曝光补偿：0

4.2.2　线

　　摄影画面中的线条可分为直线类、曲线类和曲直结合三大类。

　　摄影线条在画面中的形成主要有以下几种：

　　① 充分利用自然界物体形成的线条及人工制造的线条表现在摄影画面中。

　　② 运用光线效应使景物形成物象线条、投影线条。

　　③ 通过对比产生的线条。

　　④ 恰当地运用不同焦距的镜头，会使色块形成相对的"线条"及线条的汇聚效果。

摄影画面中线条的不同变化和排列组合，都会产生不同的视觉效果和心理效应。线条的长短变化会使画面产生节奏的变化；线条的曲直变化可产生赋予情趣的画面效果；线条粗细的变化、虚实明暗的变化，可以使画面增强空间深度，营造特殊的气氛，增强画面的感染力。线条的方向像向导一样给人以引导和启示。线条的疏密变化不仅可以调整构图的均衡，而且能产生画面的视觉节奏。线条的方向变化与疏密变化相结合更会增加画面的动态变化和节奏变化。

线条不仅可以表现物体的形态，同时，线条的不同变化和排列组合，都能够产生不同的视觉效果和节奏变化

📷 光圈：F11 快门：1/400s 感光度：ISO100 曝光补偿：0

4.2.3 面

线的平移，即产生面，给人以简洁、舒展的感觉。面随着视点的变化，可以产生各种透视效果。

面占有较大的面积，但不一定是画面的精华所在，它为点和线提供展示形象的空间。点因面的映衬而显其精小，线能在面上自由地滑翔，因此更有节奏与韵律。

把握好面在画面中的安排，能够给人以深刻的视觉感受。圆形丰满流畅；三角形稳定坚实；方形安定庄重；大的面重，小的面轻；深暗色调的面重，明亮色调的面轻；写实处理的面重，虚化处理的面轻；方形的面重，圆形的面轻。

由于面的丰满及其在画面中占有的较大面积，最容易引起观者的注意，并产生一种安稳端庄的视觉效果

📷 光圈：F11 快门：1/800s 感光度：ISO100 曝光补偿：0

4.3 透视

透视是指景物与景物之间所形成的空间深度感。在摄影中，强调画面的空间深度感，能够在二维照片中创造出三维立体感受和身临其境的视觉印象，给观赏者以主观的地位感，拉近观赏者与画面景观的距离。此外，还能起到装饰与均衡画面的作用，让画面变得更加完美。

4.3.1 视点透视

在摄影构图中，视点透视又称线条透视，即画面景物的线条向视点汇聚的趋势。视点透视的关键在于通过影像大小的对比来有力地表现空间深度。

实现视点透视可采用以下几种方法：

调整拍摄距离：拍摄距离越近，透视效果越强。

调整镜头焦距：镜头焦距越短，越能有效地夸张透视效果。

调整拍摄高度：低视角仰拍，前景高大，后景相对缩小，利用景物大小之比表现空间深度；高视角俯拍，画面能够容纳更多的景物，利用画面的广阔来表现空间深度。

调整拍摄方向：相对于正面拍摄来说，从斜侧方拍摄线条汇聚、近大远小的效果透视感更强。

4.3.2 影调透视

影调透视又称空气透视，主要表现为影调的深与浅、影像的清晰与模糊。景物的远近不同，影调和清晰度亦不相同。近距离的景物影调深重、轮廓清晰。运用影调透视原理，其要点在于利用景物中的前景、近景、中景、远景构成多景层，利用景物影调与色彩的明暗、浓淡变化突出景物的空间感。

实现影调透视可采用以下几种方法：

选择不同方向的光线：顺光时景物的透视效果较弱；逆光时景物的透视效果较强，主要表现为：近景影调深暗，远景影调明亮，远近景之间的距离感明显。

选择不同的天气：利用云雾能使景物的影调产生远淡近浓的透视效果。

控制景深：以较大的光圈虚化背景，以突出画面中清晰的主体。

视点透视的特征是眼前的景物沿着人眼视点消失的方向汇聚，通过影像大小的对比表现空间深度

光圈：F8 快门：1/640s 感光度：ISO100 曝光补偿：0

空气透视的实现手段之一是利用大气雾霭中远近景物清晰度的不同来营造空间深度，构建多影调的画面

光圈：F8 快门：1/20s 感光度：ISO200 曝光补偿：0

1
2
3
4
5
6
7
8
9

4.4 视平线

视平线是透视的专业术语之一，简称H.L，就是与画者眼睛平行的水平线。视平线在画面上位置的高低应该是由相机与水平面之间的角度所决定的，相机往上偏，视平线就往下，相机往下偏，视平线就往上。在平视时，视平线就是地平线，因此，在摄影画面中，地平线的高低变化取决于视平线的高低变化。

由于视平线在画面中的位置不同，也就产生了高视平线（地平线）构图、中视平线构图和低视平线构图3种构图形式，即俯拍、平拍和仰拍。

4.4.1 高视平线构图

高视平线构图的摄影画面，视平线（地平线）在画面中一般都处在画面上方1/3处或以上的位置。视点越高，地面上的景物展现得就越充分，更有利于表现各种位置布局、形态、数量、阵势和场面。因此风光摄影多采用高视平线构图。

高视平线构图多采用俯视拍摄（俯拍）的方法，以赋予画面辽阔、舒展之感。俯拍时，被摄体处于相机的下方，画面的透视变化很大，竖向的平行线条在画面上方向外倾斜。相机的位置越高，被摄体在画面上就越显得小，而被摄体的数量越多，拍摄范围就显得越广。俯拍时使用广角镜头，会更加有效地表现空间感。

高视平线构图中，视平线明显升高。这种构图形式适宜表现宽广的画面，在风光摄影中应用更广泛一些

📷 光圈：F11 快门：1/200s 感光度：ISO200 曝光补偿：0

4.4.2　低视平线构图

低视平线构图的摄影画面，视平线（地平线）一般都处在画面下方1/3处，或下降到底边以下的画框之外。

低视平线构图多采用仰视拍摄（仰拍）的方法，以赋予画面高大、雄伟之感。仰拍时，相机的位置低于被摄体，其透视变化与俯拍相反，被摄体的高度比实际感觉的要高，竖向的平行线条在画面上方向内汇聚，易产生雄伟、高大的感觉。仰拍能避开被摄体后面杂乱的背景，有利于突出主体。在仰拍的画面中，地平线往往会压得很低，天空占据画面的绝大部分。仰拍建筑物时容易产生透视变形，这是由于镜头在透视上的变化使物体产生近大远小的结果。采用广角镜头仰拍时，在透视上会产生极大的变化，给人以强烈的视觉效果。

在低视平线的构图中，地平线往往在画面的下1/3处，有时甚至出于画框之外，给人以强烈的视觉效果

📷 光圈：F8　快门：1/400s　感光度：ISO200　曝光补偿：0

4.4.3　中视平线构图

　　中视平线构图采用平拍的方法实现。平拍时，相机与水平面的夹角为零。这个高度最接近人的视觉效果，在透视上与人眼观察景物的高度相近，所以平拍在画面透视变化最小，物体的变形也最小，画面较为平稳，且显得直观、亲切。尤其是在拍摄人物时，人的面部既不易变形，观者也似乎和被摄人物在面对面地交流。

　　在风光摄影中，要尽量避免地平线横穿画面，尽量采取升高或下降地平线的方法，或者是使地平线被竖向物体不等分割及虚化等方法。但也不能一概而论，例如拍摄水中倒影的画面，地平线居中恰好是最佳的表现形式，以地平线为中轴，能产生上下对称的构图效果。

中视平线构图的形式是由相机平拍的高度得来的。这种构图形式能够给人以亲切自然的感受

光圈：F22　快门：1/80s　感光度：ISO100　曝光补偿：0

4.5　景别

　　景别是指摄影画面包含场景的容量大小，包括从远景到特写的变化。影响景别变化的因素有：镜头的焦距、拍摄距离。表示景别的常用概念有：远景、全景、中景、近景、特写及大特写。

4.5.1 远景构图

远景构图展现了自然界辽阔的景物，被摄景物范围广阔而深远；不仅表现场景中主要的景物，还展现了具体的环境及相互之间的联系和整体气势。远景画面的拍摄要点在于"取势"，在拍摄取景时要大处着眼、大块落墨，把握住画面的整体结构，并使其化繁为简，舍其细部与细节的追求与表现。

远景构图在风光摄影中适宜表现广阔而深远的景物

光圈：F11 快门：1/800s 感光度：ISO100 曝光补偿：0

4.5.2 全景构图

全景构图表现被摄对象的全貌及所处环境的特征。全景的取景范围比远景小，主体在画面中完整而突出，并通过具体环境气氛来烘托主体对象。

在全景照片中，用光要求严格，既要突出主体，又要处理好主体与环境之间的关系，使其融为一体，相辅相成，相互映照。全景照片的规模和画面容量都是相对变化的，这取决于被摄景物所占的范围大小。

全景构图用于风光摄影中表现某一景观的整体风貌

📷 光圈：F8 快门：1/640s 感光度：ISO100 曝光补偿：0

4.5.3　中景构图

　　中景介于全景与近景之间，中景构图表现被摄物体或人物的主要部位。中景构图的特点是强调表现人与人、人与物、物与物之间的关系。中景以情节取胜，情节是中景画面表达的主要内容。中景是新闻摄影、人物摄影和生活摄影中最常用的一种景别。

中景构图用于人物摄影时表现的是膝盖以上范围的形态

📷 光圈：F2.8 快门：1/250s
　　感光度：ISO100 曝光补偿：0

4.5.4　近景构图

　　近景构图突出表现的是被摄对象重要部位的主要特征，主要是对人物的神态、特征和表情等细微之处做细微而深刻的刻画，并突出其质感，使其得到细腻的表现。"近取其神"，"近取其质"，就是要求被表现的对象要达到神形兼备。

近景在人物摄影中主要用于表现神态、特征，一般是指胸部以上的部位

光圈：F1.8
快门：1/800s
感光度：ISO100
曝光补偿：0

4.5.5　特写构图

　　特写的取景范围进一步缩小，主要是使被摄景物或人物的某一局部充满画面，在形、神与质感的刻画上更加细腻、传神。

　　特写是"不完整"的完整，是通过对社会生活某一事物的高度提炼，以此传达作者的观点和情感。由于特写减去了多余的形象，主体形象的面积便增大了，形象意义的输出功率也随之增大，从而大大地增强观者的感受。

特写镜头重在表现人物或者物体的某一局部，是对生活或事物的提炼，主体面积增大，甚至充满整个画面

光圈：F2.8　快门：1/250s　感光度：ISO100　曝光补偿：0

4.6 主体与陪体

画面中的重点表现对象就是画面的主体。主体是画面主题的主要体现者，也是组织画面的主要依据，居于趣味中心的位置。主体以外的对象则为陪体，用以衬托主体。

4.6.1 主体与陪体在画面中的作用

主体在画面中的作用是体现主题思想，使观赏者正确地理解画面内容。此外，主体作为画面结构的中心，还起到集中观赏者视线的作用。

陪体在画面中的作用是陪衬、渲染和突出主体，并同主体构成特定的情节。它帮助主体说明内容，深化主题的内涵；同时还起着装饰、美化画面的作用，使画面更自然生动。

在我们经常见到的表现长城的风光摄影作品中，人们常常把居于高位的烽火台作为主体——结构画面的中心，以其统领整个画面，蜿蜒而上的城墙则作为陪体，烘托了长城的宏伟和雄奇。在这张典型的长城风光作品中，不管近景中的城墙占据了多少画面空间，人们的视线依然会沿着城墙的远去而将目光集中于画面的主体——位于黄金分割点的峰火台上

📷 光圈：F9 快门：1/800s 感光度：ISO100 曝光补偿：0

4.6.2 突出主体的方法

摄影构图是在繁杂的现实生活中进行选择，画面简洁，突出主体是摄影构图中最重要的原则，具体而言，就是妥善处理主体和陪体、主体和背景之间的关系。

以位置上的优势突出主体：将主体安排在画面的最近处，有助于将主体以最明显、最引人注目的形式呈现在观赏者面前。

将主体安排在画面的显著位置：一般安排在画面正中偏左或偏右的位置；如果主体所占面积较小，则应落在画面的结构中心，即黄金分割点上。

利用线条做引导：把观赏者的视线指向主体。例如利用透视线条的汇聚，把主体放在消失点上，以把观者的视线引向主体。

通过对比的手法突出主体：如大小、繁简、质感、明暗、形状与色彩对比等。

使用小景深：使主体清晰，陪体和背景虚糊，以虚实的对比突出主体。

通过主体与陪体之间大与小的对比和虚与实的对比来突出主体

📷 光圈：F2.8 快门：1/800s 感光度：ISO100 曝光补偿：0

4.6.3 安排陪体的方法

陪体在画面之中，可能是前景，也可能是背景。处理陪体的表现要把握好分寸，不能超越主体，造成喧宾夺主，两者有主有次、有虚有实，并构成一定的情节。陪体在画面中所占面积的多少、色调的安排、线条的走向等，都应服从服务于主体的原则。

陪体作为前景出现于画面之中，不但没有影响主体的突出，反而对主体起到了很好的美化作用

📷 光圈：F2.8 快门：1/80s 感光度：ISO100 曝光补偿：-0.3

4.7 前景与背景

在一幅画面中，前景是位于主体之前，距镜头最近的景物，而背景则是位于主体之后，距镜头相对较远的景物。两者在画面的构成中都有着非常重要的作用。

4.7.1 前景

前景在画面中的作用主要包含以下5个方面：

① 表达主题、烘托气氛。

② 借助于摄影镜头近大远小的透视特征，增强画面的空间效果和纵深感。

③ 利用其处于主体之前的优势，概括和引导人们理解画面内容。

④ 增强并引导人们理解画面的视觉语言，为摄影者传送意境提供依据。

⑤ 给观赏者一个主观的位置感觉，例如用门、窗等作为框架式前景，让人感觉是在透过这些框架去观看外面的景物，给人以身临其境的感觉。

巧妙合理地安排前景使画面更具观赏性

光圈：F11 快门：1/100s 感光度：ISO100 曝光补偿：0

安排前景对象的时候要遵循以下4个方面的原则：

① 前景的形状、线条结构要尽可能优美。

② 要与主体有一定的联系，从而有机地烘托主体、深化主题。

③ 前景的表现形式一定要简单明了，不能因其杂乱而影响画面，削弱表达效果。

④ 运动着的物体一般不宜作为前景，以免分散观者对主体的注意。

4.7.2 背景

背景的作用和前景既有相似之处，又有不同。首先，背景在画面中与前景一样起着突出主体、衬托主体的作用；其次，背景有助于说明环境，揭示主体的特征，展现周围环境，表现意境或气氛；此外，背景还能增加画面深度，平衡和美化画面。

安排背景对象的时候要遵循以下3个方面的原则：

① 抓住能够明显地交代主体的时间、地点和时代气氛的特征，以加深观赏者对主体的理解。

② 力求简洁，使画面更加精练。

③ 通过与主体形成影调、色调、虚实上的对比，加强视觉上的力度，把主体从背景中分离出来。例如，把暗的主体衬托在亮的背景上、把亮的主体衬托在暗的背景上、把亮或暗的主体衬托在中性背景上等，以强化主体的突出地位。

背景不仅与前景一样可以突出主体、衬托主体，且起着说明环境表现意境的作用

光圈：F8 快门：1/200s 感光度：ISO100 曝光补偿：0

4.8 留白

留白是画面中除实体之外的空余部分，一般由单一色调的背景组成。摄影画面中的留白，虽然不是我们所要表现的主体形象，但在画面中同样是不可缺少的重要组成部分。留白有利于突出主体景物，营造画面的意境。此外，留白还是组织画面各对象之间关系的纽带。

4.8.1 留白的作用

画面上的留白有助于创造画面的意境，使主体醒目，具有视觉冲击力。

留白留取得当，会使画面生动活泼，空灵俊秀。留白处，常常洋溢着作者的感情，观众的思绪，作品的境界也能得到升华。留白还是画面上组织各个对象之间呼应关系的条件，不同的空间安排，能体现不同的呼应关系。

画面中因为有着大面积留白的存在而让人联想到了画面的深远，借助于留白经营意境，表现空间层次，会使画面更加富有灵性

📷 光圈：F8 快门：1/200s 感光度：ISO100 曝光补偿：+0.6EV

4.8.2 如何安排画面中的留白

对画面中的留白进行精心布陈，追求情景交融的意境美，会给人以丰富的联想，虽无笔墨的点染，却有作者精神的寄托，情思的流露。画面的留白不是孤立存在的，它总是实处的延伸。所谓空处不空，正是留白处与实处的互相映衬，才形成不同的联想和情调。

在安排摄影画面的留白时，可以参考以下几种方法：

① 要仔细观察物体的方向性，合理地安排留白距离，组织好相互的呼应关系，做到"人有向背，物有朝揖"，使对象与对象之间有联系、有呼应。

② 要注意处理留白与实体的比例，不能太空，不能太散。

③ 画面中的留白并非真空，大面积留白往往需要一些细小的变化，需要有一些细部的层次点缀，起到"破"的作用。

④ 画面中的留白与实物所占的面积大小，还要合乎一定的比例关系，防止面积相等、对称。一般来说，画面中留白处的总面积大于实体对象所占的面积，画面显得空灵、清秀。如果实体对象所占的总面积大于留白处，则画面重在写实。

在摄影画面中，一般常用天空、水面、草原、土地或者其他景物构成留白。留白不一定是纯白或纯黑，只要是画面中色调相近、影调单一、从属于被衬托画面实体形象的部分，都可称为留白。

在构图取景时，应对镜头前的景物精心取舍，寻找富有诗意和灵性的留白。采用俯拍或仰拍的角度，将大面积的天空、水面或者草地摄入画面。利用雾、雪、雨等淡化背景以求得大面积的留白。相对缩小主体在画面中的面积，有意地拉开实体与留白的比例关系，可使主体和留白相得益彰。

安排画面中的留白，要注意其对主题的延伸。以大面积晴朗的天空作为留白，通过色调的对比突出主体

📷 光圈：F8 快门：1/250s 感光度：ISO100 曝光补偿：0

4.9　摄影构图的常见形式

摄影中常见的构图形式包括：横向式构图、竖向式构图、斜向式构图、三角形构图、S形构图、圆形构图和对称式构图等。

横向构图用于风光摄影时，适宜表现广阔而有稳定感的画面

光圈：F8　快门：4s　感光度：ISO100　曝光补偿：0

1. 横向式构图

横向式构图是一种安定式构图，给人一种安闲平静的感觉。这种构图适合表现表面平展广阔的景物，如宁静的湖面，辽阔的草原、田野等。

横向式构图的特征主要是由水平线的性质决定的；水平线在画面中，不仅体现了安宁、平静的意境，而且通过水平线与画框的联系，能使画面明显地具有横向延伸的形式感。如果有多条水平线存在，就会形成同一感觉的重复，这种重复，有强调这一感觉的作用。而当多条平行线条前后交错时，这种位置差就会产生横向流动感。

2. 竖向式构图

竖向式构图又称垂直式构图；画面整体布局呈竖向结构，主要由垂直竖线条构成，具有挺拔、高耸、向上的特征。表现竖向垂直、细高的被摄主体时，经常运用这种布局。

在拍摄竖向式画面时，如果被摄对象没有垂直贯通画面，应该让被摄对象的上端或下端与画面的边缘之间留有一定的空间，否则会有堵塞之感。

常用的方法有以下两种：

① 由下直通到底而向上升起，使景物在上部空间停住，在画面上端留有一定的空间。

② 在俯视拍摄时，竖向线条由上而向下悬垂，上面与上画框相连，下面线条有插入地下之感。

竖向式构图在表现呈垂直状态的景物和表
现纵向运动态势的时候则有着得天独厚的
优势

📷光圈：F8 快门：1/200s
　感光度：ISO100 曝光补偿：0

1
2
3
4
5
6
7
8
9

3．斜向式构图

斜向式构图又称斜线式、对角线式构图，是指用倾斜的线条、影调或呈倾斜状的物体，把画面对角线连接起来。

斜向式构图能有意识地打破画面的平静和静止状态，造成险境，增强运动感。能表现运动着的对象的速度感。能给人一种不稳定、倾倒之势，摇晃甚至顷刻欲翻的感觉。在人像摄影中采用斜向式构图，可使画面生动，有动感，充满变化和生机。

斜向式构图可以呈现出立体、动感的画面

光圈：F22 快门：1/15s 感光度：ISO400 曝光补偿：0

4．三角形构图

三角形构图也称金字塔式构图，包括正三角形、斜向三角形或倒三角形等形式。还可以分为单三角形构图、组合三角形构图、三角形与其他图形组合构图等。三角形构图具有安定、均衡但不失灵活的特点。

三角形构图形式新颖且给人以稳定的感觉

光圈：F2.8 快门：1/200s 感光度：ISO100 曝光补偿：0

5．S形构图

S形曲线由于其扭转、弯曲、伸展所形成的线条变化，使人感到意趣无穷。

S形构图通常有以下两种方式：

① 画面中的主要轮廓线构成S形，从而在画面中起主导作用（以人物摄影构图为主）。

② 在画面结构的纵深关系中，所形成的S形的伸展，在视觉顺序上对观者的视线产生由近及远的引导，诱使观者按S形顺序，深入到画面意境中去。

在S形构图中，富有诗意的线条使看上去很普通的公路也有了诗情画意

📷 光圈：F9 快门：1/800s 感光度：ISO100 曝光补偿：0

6．圆形构图

圆形构图属于曲线性构图，具有弧线和曲线传递给观者的优美、柔和、丰满、幽雅、美好和抒情的感觉，同时圆形构图形式新颖奇特，容易给人以一种奇妙的感受。

发现生活中的圆形并将其拍入画面，很有韵味

📷 光圈：F11 快门：2s 感光度：ISO100 曝光补偿：0

7．对称式构图

对称式构图是指画面中轴的相对两边（左右或上下）各部分的大小、形状、距离和排列等方面的对应。

对称可以给人一种既不单调、又不混乱的协调感、平静感和秩序感。巧妙地运用对称形式，可以产生一种庄重、稳定的视觉效果。对称式构图并非"绝对对称"，绝对对称容易导致暗淡无色、毫无生机。

用波平如镜的水面所产生的倒影与地面上的景物相互映照，产生上下对称式的摄影画面

光圈：F11　快门：1/10s　感光度：ISO100　曝光补偿：0

4.10　摄影构图的基本规律

所谓常见形式，其意义在于为熟悉构图打下基础，重要的是在摄影创作中灵活地借鉴、运用和发挥，这就需要掌握摄影构图的一般规律。

摄影构图的一般规律主要体现在：对称与均衡、节奏与韵律、衬托与对比、特异与夸张、完整与残缺等五大方面。

1. 对称与均衡

对称给人以稳定、沉静、端庄、大方的感觉，产生秩序、理性、高贵、静穆之美，体现了力学原则，是以同量不同形的组合方式形成稳定而平衡的状态。对称的形态在视觉上有安定、自然、均匀、协调、整齐、典雅、庄重、完美的朴素美感，符合人们通常的视觉习惯。

均衡结构是一种自由稳定的结构形式，一个画面的均衡是指画面的上与下、左与右取得面积、色彩、重量等量上的大体平衡。在画面中，对称与均衡产生的视觉效果是不同的，前者端庄静穆，有统一感、格律感，但如过分均等就易显呆板；后者生动活泼，有运动感，但有时因变化过强而易失衡。

对称式构图工整稳定，但容易使画面呆板，所以应力求赋予画面以富于变化的元素

光圈：F11　快门：1/400s　感光度：ISO100　曝光补偿：0

均衡式构图，给人以宁静和平稳感，但又没有绝对对称的那种呆板无生气，所以是摄影家们在
构图中常用的形式，均衡也成了摄影构图的基本要求之一

光圈：F11 快门：1/20s 感光度：ISO100 曝光补偿：0

2. 节奏与韵律

节奏与韵律也可简称为节律，是摄影构图的重要构成手段之一，也是构图所要寻觅的重要因素。它是画面线条、形状、影调、色彩的有序重复和交替。完美的节奏自然会产生韵律，韵律则是更高层次的感觉。

重复产生节奏，变化产生韵律。没有重复则单调，没有变化则平板。然而机械地重复又会使人感到乏味，无规律的变化也会给人以杂乱无章的感觉。怎样解决这一矛盾呢？只有变化的重复才能将它们有机地统一起来，给人既有韵律又有节奏，将韵律融于节奏之中的和谐美感。

3. 衬托与对比

对称与均衡、节奏与韵律都是强调变化统一中的变中不变，而衬托与对比却相反，它主要是强调变的一面，寓变化于统一之中，有的是统一中的变化，有的则是变化中的统一。

衬托作为对比手法的一种，主要是指主次关系的对比，以辅托主的对比手法。按照衬托与被衬托事物之间的关系，可分为正衬和反衬两种形式。衬托可以使主要形象特点更加突出明显，对视觉形成强烈的刺激，加深印象。

对比是用相反的因素给感觉造成强反差，能产生良好的审美效应，即所谓"相反相成"之理。与衬托的目的相同，对比就是利用画面构成要素存在的一切差异，突出地表现所要表达的内容和主体来增强画面的艺术感染力。对比是实现衬托的途径，利用各种矛盾达到相互衬托的目的。要想使画面吸引人，就应该尽可能地运用各种表现形式来强调对比。缺乏对比的照片是单调乏味的。

在重复式节奏的构图中，物体以相同的形态呈现于画面之中，易出现单调呆板的感觉，而赋予它们变化，画面会显得活泼

光圈：F11　快门：1/40s　感光度：ISO100　曝光补偿：0

不同的光晕同时出现于画面之中，就会呈现出一个五彩缤纷的世界

光圈：F11　快门：4s　感光度：ISO100　曝光补偿：0

疏与密、虚与实的对比，让枯黄而飘落的树叶也有了灵性。
即便不是诗人，看到画面恐怕也会深有感触

📷 光圈：F2.8 快门：1/500s 感光度：ISO100 曝光补偿：0

4．特异与夸张

概括地说，统一中求变化就是特异。构图中的特异并不仅仅是视觉形象的"特异"，这里还包含着作者构思的特异。摄影艺术的夸张造型，是人的主观表现思想与镜头再现力的总和，可分为以下几种形式。

变形夸张：拍摄者按照创作心理与意图使用各种镜头及技术技巧使景物的具体形象产生夸张变形，以此来表现作者的某种强烈情绪和感受。

影调夸张：运用摄影的技术手段，有意识地筛选、控制和变换影调的转化，可以产生影调夸张效果。例如，运用各种滤色镜改变影调效果和反差力度，运用后期制作的方法使影调分离，以及在拍摄时特殊用光所产生的高、低调及剪影式照片等。

色彩夸张：即色彩向暖色调夸张或向冷色调夸张，利用相机的白平衡设置或者在拍摄时使用滤色镜、闪光灯色片局部照射等都是色彩的夸张转化。色彩夸张也可以在后期制作过程中实现。

使用广角镜头并靠近被摄物体进行拍摄，极具夸张、变形的效果十分有趣

📷 光圈：F2.8 快门：1/500s
感光度：ISO100 曝光补偿：0

5. 完整与残缺

完整是多样统一原则的主要目的，是一种感觉状态、艺术直觉，没有固定格式。所谓完整，并不是说画面上的任何东西都不能去掉，任何形象都不能残缺，而是从主题思想和主体突出这个意义上出发去实现的完整。

在摄影画面中，凡不与画框接触和连接的物体，虽然形象完整，但给人的只是一种定量感。而接触画框的物体和线条都具有向画框外的延伸感，这就是残缺与外延。残缺与外延，是摄影构图的一种艺术化处理手段，是一种"以少胜多""以一代十"的表现手法。

残缺的画面形象有利于画面主题的突出，更容易使观者去想象画外的完整

📷 光圈：F2.8 快门：1/125s 感光度：ISO100 曝光补偿：0

Chapter 5　摄影画面的色彩及其配置

大自然中的色彩增强了万物的感染力，它不仅美化着人们的生活，还丰富着人们的视觉感受，感染着人们的情绪。认识光与色的关系及色彩在摄影中的重要作用，学会设计作品的基调和配置画面的色彩，会使我们的摄影创作更加多姿多彩。

能力与素质目标

5.1　光与色

人们能看见自然界中各种景物的颜色，是由于这些景物被光线照射，同时景物又将光线有选择地反射到人的眼睛里。

1．光源色

不同的光源有不同的颜色。同一被摄体在不同色光的照射下，会产生不同的色彩效果。例如，同一个白色的物体，在白光的照射下，显示出的是物体的固有色；在绿光照射下，物体就变成了绿色。

2．物体的固有色

物体的颜色只有在柔和的白光照射下，才能准确地显示出来。例如，白光照射到黄色物体上所反射的光，波长相当于黄色光的波长，所以，物体看上去是黄色的；白光照射到红色物体上反射的光，波长相当于红色光的波长，因此物体看上去呈红色。

3．光的三原色

光的三原色是指光谱中的红、绿、蓝3种色光，而不是绘画中的红、黄、蓝3种原色。在对色谱中的色光进行识别时，人眼睛的生理特点起着重要作用，而人眼对色谱中的红、绿、蓝3种色彩尤其敏感，所以科学家认为人类视网膜上存在着感红细胞、感绿细胞与感蓝细胞。通过对红、绿、蓝3种色光进行不同比例的混合又可以生成其他各种色彩。于是理论上习惯把红、绿、蓝3种色彩称为光的三原色。

红、绿、蓝三原色光等量混合后得到白光，失去这3种色光即感觉为黑色。光的三原色以不同的比例进行混合，可获得不同的复色光。数码相机中的感光元件（CCD或CMOS）即是根据人眼的这一生理特性设计出来的，只有这样拍出的彩色照片才能符合人类的视觉习惯。

4．光的三补色

两种色光相加，如果能获得白光，那么这两种色光互为补光。如：红光+青光=白光、绿光+品红光=白光、蓝光+黄光=白光。

也可以说，从白光（由三原色光等量相加的光）中减去任何一种原色光，余下的色光即为被减去色光的补光。即白光-绿光=品红光（红光+蓝光）、白光-红光=青光（绿光+蓝光）、白光-蓝光=黄光（红光+绿光）。

因此，品红、青色、黄色又称减色法中的三原色。彩色胶片、彩色印刷的染料和油墨就是以此为基础的。

5．色彩三要素

色彩的三要素包括色相、明度和饱和度，这是色彩识别和分类的基本依据。

色相：即各类色彩的相貌称谓，如大红、普蓝、柠檬黄等。色相是色彩的首要特征，是区别各种色彩最准确的标准。

明度：表示色彩所具有的亮度和暗度。

饱和度：指色彩的纯粹程度。以光谱色为标准色，越接近标准色的色彩，其纯度越高，色彩越鲜艳醒目。

5.2　色彩的象征与联想

当人们看到某种色彩时，往往会引起心理上的某些反应，并产生联想。色彩的象征意义与心理联想常常因为国家、地域、风俗习惯和时代风尚的差异而有所不同。

一般来讲，不同的色彩有着不同的象征意义和容易产生的联想。

红色：象征热烈、温暖、喜悦、勇敢，多用于喜庆欢乐的场面；它常常与血、火相联系，例如救火车、灭火器等多用红色；公路、铁路上的信号灯中，某些警告灯采用红灯。

橙色：较为明亮的颜色。它象征着光辉、温暖与欢乐，多用于表现富裕、健康与华丽等。

黄色：所有色别中明度最高的颜色，是光明、辉煌和希望的象征。中黄和金黄多用于表现财富、高贵和辉煌，如宫殿装饰和帝王的龙袍多用这些颜色；而浅黄色则具有轻柔、飘逸的美感。

绿色：被人们用来比喻生命、希望，是自然界中最具活力的色彩。绿色可以使人感到平静、舒畅。嫩绿色给人以希望，具有生命的活力；深绿色则给人以茂盛、欣欣向荣之感。

青色：象征着宁静、悠远、寒冷和悲哀，青色适于表现深沉、朴实的情感。

蓝色：其象征意义取决于它的明度。明度高的蓝色象征清新与宁静；明度低的蓝色象征庄重与崇高；明度极低的蓝色象征孤独与悲伤。蓝色会使人产生寒冷、消极与肃穆的心理联想。

紫色：象征着华贵、娴静、优雅。紫色的心理联想取决于它的明度和纯度，明度和纯度高的紫色，具有威严和豪华之感；淡紫色具有一种缠绵徘恻、思念之感；暗紫色具有一种忧伤感。

白色：象征着清净、纯洁、素雅、明朗和高远。白色具有最大的明度，有向外扩展的视觉感受。

黑色：象征着庄严、神圣、悲哀、深沉、忧伤和肃穆。纯黑色在摄影作品中很重要，无论画面是高调还是低调，冷调还是暖调，纯黑色都是不可缺少的。

5.3　摄影作品的基调

所谓基调，就是摄影作品画面的基本色调。摄影作品的画面是由不同的色彩通过适当的搭配而形成的统一、和谐、富于变化的有机结合，在其中起主导作用的颜色，就是色彩的基调，也称为画面的基调。

基调是摄影作品画面的主要色彩倾向，它通过带给观赏者的总的色彩印象，来传达作者赋予摄影作品的情感倾向，对烘托主题思想、表现环境气氛、传递作者情绪都有着很重要的作用。

一般将彩色画面分为高调、低调、冷调、暖调和中间调。按照色彩组成的特性，又可以把彩色画面的基调分为暖调、冷调、对比色调、和谐色调、浓彩色调和淡彩色调等。

5.3.1　中间调

在普通光线下，人们生活与活动的环境通常都处于中间色调之中。中间色调是介于明调与暗调、冷调与暖调之间的各种中间色调，是最富有变化，并在人们的摄影活动中运用十分广泛的色调。

中间调的作品明暗影调正常，反差适中，层次丰富细腻，画面上允许有大面积的淡调，也允许有一定面积的深调。中间调能够充分表现人物或景物的立体感、质感和空间感。由于中间调的场景是人们最熟悉的场景，也是人们生活中最普遍的场景，最能够给人以亲切、真实的感受，所以它被广泛地应用于各种题材的拍摄和创作中，是众多的摄影人士所喜爱的作品基调。

中间调反差适中，层次丰富细腻，且接近人眼日常的视觉感受，测光与曝光也相对容易

光圈：F2.8　快门：1/800s　感光度：ISO100　曝光补偿：0

5.3.2　高调

高调风格的作品中，深色调是画面的主要色调，是作者希望引起观赏者注意的中心。由于大面积淡色调的衬托，小部分的深色调会显得更突出，起到画龙点睛的作用；在深色调的衬托下，大面积的浅色调也会显得富有生气。

如果希望增强高调效果，可在所测得的曝光数值的基础上再适当地增加半挡至1挡曝光，但是增加曝光应以高光部位不丢失像素为前提。

在高调作品中，浅淡的色调在面积上占有绝对的优势，但其黑色部分亦应充实饱满

光圈：F8 快门：1/200s 感光度：ISO100 曝光补偿：0

5.3.3 低调

通常把影调浓重的照片称为低调照片。低调照片中的影调绝大部分为深暗色调，画面浓重深沉，适宜营造庄严、凝重、静穆的氛围，反映沧桑、沉稳的特性。低调照片虽大部分是深暗影调，但也应有小面积的浅色亮调。由于大面积暗调的衬托，小块的亮调格外明显，易形成视觉中心。

低调有软低调和硬低调两种。软低调是以反差较小的暗影调表现出被摄对象的丰富层次和质感，硬低调则是以较大的光比突出表现对象的轮廓。

因为画面中只有极小范围的亮调存在，所以测光模式以点测光为宜，所测出的曝光值应能正确反映出亮调区域的层次和细节。要想进一步压暗低调区域的暗度，可对测光数值进行负补偿，但其前提仍是保证亮调区域的层次和细节。

在早晨或傍晚，来自低矮角度的阳光具有明显的方向性，光的投影长，阴影面积大，能把各个景物的投影平面分开，突出画面中的某些重要部分，从而呈现出立体的、影调深沉的景物照片，摄影者可以充分利用这些时段来拍摄低调照片

📷 光圈：F8 快门：1/10s 感光度：ISO100 曝光补偿：0

5.3.4 暖调热情进取

在现实生活中，暖色能刺激人们的情感，太阳和火能给人以温暖，红旗给人以激情，当人们看见红色、橙色或黄色的时候，就能够产生暖的感觉，产生富有激情的联想。

在摄影实践中，当选用红、橙、黄（尤其是红、橙）构成画面的基调，让这些暖色在画面中处于主导地位，占有较大的面积时，这幅作品就是一幅暖调作品。拍摄暖调作品，不管是拍摄人像作品还是风光作品时，都应该以相互之间差异较大的色彩将主体与背景相分离，以便有效地突出主体，相互之间的差异越大，主体被突出的效果会越明显。

最常见的暖调作品是由大面积的红、黄构成色彩基调，这种基调有利于渲染、烘托幸福欢快的主题和情调

📷 光圈：F5.6 快门：1/400s 感光度：ISO100 曝光补偿：0

5.3.5　冷调恬静清新

　　冷色是指蓝色、蓝绿、蓝青和蓝紫等颜色，以这些色彩为基调所构成的画面即为冷调。冷色使人联想到大海、月夜，能够给人以清凉的感觉，这种色调适宜表现恬静、低沉、淡雅和严肃的内容。

　　蓝色的大海、宁静的月夜、夜景中蓝色调的灯光、大面积的蓝色天空、身着蓝色衣装的人物等，都是创作冷调作品的好素材。与拍摄暖调作品一样，拍摄冷调作品时也应该以相互之间差异较大的色彩将主体与背景相分离，从而有效地突出主体，相互之间的差异越大，主体被突出的效果会越明显。

蓝色最适宜营造宁静清新的冷调风格。画面中的浓浓雾气，不但去除了杂色的影响，而且进一步渲染了清凉淡雅的意境
　　光圈：F11　快门：1s　感光度：ISO100　曝光补偿：0

5.4　色彩的对比与和谐

　　色彩的对比与和谐是处理画面色彩的基本规律。色彩对比就是颜色的对立，色彩和谐就是颜色的统一。一般来讲，对比与和谐是相辅相成的，对画面色彩的处理应该讲究对比与和谐的统一。过分强调和谐，画面会显得平淡无光，而过分强调对比，又会造成色彩的堆砌，以致喧宾夺主，杂乱无章。所以，我们在摄影实践中应该巧妙地突出色彩的对比或者色彩的和谐，赋予画面以主观性的情调，从而更有效地突出作品的主题。

5.4.1　对比的色调浓郁强烈、积极向上

对比的色调就是以两种色相差别较大的颜色搭配所形成的色彩基调，整个画面色彩饱和度大，亮度高，给人以强烈的感受。对比的色调给人的视觉感受是鲜明的，带有强烈的冲击力与刺激性，这种色调适宜表现朝气蓬勃、积极向上的内容。

在考虑为作品营造对比的色调时，可以运用蓝、绿、紫与红、黄、橙等色彩进行搭配，形成强烈的冷暖对比，从而衬托出画面主体的鲜明特征。也可以利用红与绿、黄与紫、蓝与橙等色彩进行组合，形成补色对比，同样可以突出主体。利用红与绿、黄与紫、蓝与橙及其他具有强烈对比效果的色彩所组成的画面，拥有刺激、鲜明、突出和多样性等特征，其浓郁强烈的色调可以给人强烈的冲击。

对比的色调色彩浓郁、鲜明，最易给观者以强烈的视觉冲击，适合表现欢快、跳跃性强的意境

📷 光圈：F8 快门：1/400s 感光度：ISO100 曝光补偿：0

5.4.2　和谐的色调舒展安详、优雅悦目

和谐的色调是指用同类色、类似色、低饱和度色彩所构成的画面色彩基调或者用黑、白、灰色调和色彩的方式所形成的画面色彩基调。它不像对比的色调那样富于视觉刺激，但却因其无色彩跳跃而让人感到和谐、舒畅，强化了淡雅、素净与温馨的效果。

明度强烈的和谐色调具有强烈的视觉感染力与冲击力。一些和谐色调常用黑色、白色（消色）来丰富画面的表现力，使画面色彩朴素、典雅，既温和又有丰富的层次，既雅致又爽朗有力。

　　当利用同类色和谐法进行拍摄时，应该利用被拍摄对象色彩纯度、明度的变化来进行搭配以求得和谐。如淡绿、绿、深绿，或者浅红、红、暗红等。它们只有亮暗（明度）的不同，而无色别上的根本差异。这样的色彩配置在一起，利用色彩之间的明暗差别和对比，表明被摄体的立体形状和轮廓特征，可以给观众和谐、协调的感受。

和谐的色调高雅、精致，容易给观者以舒畅安静的感觉

📷 光圈：F8 快门：1/100s 感光度：ISO100 曝光补偿：0

Chapter 6　人像摄影

　　人像摄影是以现实生活中的人物作为拍摄主体，通过描绘其外貌形态来反映其内心世界与精神面貌，或表现人物在某些特定场景中的情状。自摄影术诞生以来，人像摄影就一直占据着摄影的主导地位，是人们接触得最广泛的摄影题材。

能力与素质目标

6.1 人像摄影的基础知识

人像摄影，是指用摄影的方式，在照片中描绘出被摄者鲜明突出的形象。一幅优秀的人像摄影作品，是许多成功因素的总和，包括神情、姿态、构图、照明、曝光和制作等。拍摄人像摄影作品，应努力追求较高的境界，并力求做到形神兼备。

6.1.1 人像摄影的类型

依据不同的划分标准，人像摄影可以划分成不同的类型。

依据拍摄场地可分为以下两种类型：

① 室内人像摄影。

② 户外人像摄影。

依据被摄人像所处的环境可分为以下两种类型：

① 肖像摄影。

② 环境肖像摄影。

依据拍摄光源可分为以下3种类型：

① 自然光人像摄影。

② 人工光人像摄影。

③ 混合光人像摄影。

拓展阅读：人像摄影——记录与观察

6.1.2 人像摄影的器材

1．相机

人像摄影对相机、镜头等摄影器材的要求并不严格，除专用的摄影棚需要配备专业相机和灯光设备外，常见的相机都可用于人像摄影。许多人像摄影的优秀作品都是用普通相机拍摄的。

从实用的角度来看，数码单反相机更为方便实用：

① 取景准确方便。

② 更换镜头方便，有镜后测光设备。

③ 机身坚固，具有更人性化的操控性。

④ 数码单反相机比其他小型相机成像质量更加优异。

卡片机

数码单反相机

2. 镜头

在一般的拍摄需要下，任何一款镜头都可用于人像摄影，特别是中长焦镜头使用频率较高一些。但是，当为了达到一些特殊的创意需要时，可能还会用到广角镜头甚至超广角镜头、鱼眼镜头。在拍摄群体、合影等人像作品时使用广角镜头的几率更多一些。

在一般情况下，拍摄人物肖像时镜头的焦距以80mm～135mm为宜。

使用这类中等焦距镜头的好处如下：

① 影像畸变小，特别是拍摄较近距离的人像时。

② 景深小，有利于突出主体人像。

③ 视角小，能远距离摄取人像较大的影像而又不干扰被摄对象。

变焦镜头可起到若干只不同焦距的定焦镜头的作用，拍摄者可以不改变拍摄距离，自由调节画面的成像比例，且携带方便。进行人像摄影时配备一只28mm～85mm或28mm～135mm的变焦镜头也是不错的选择。但需要说明的是，变焦镜头的解像力略逊于定焦镜头。

佳能85mm 定焦镜头

佳能24mm～105mm 变焦镜头

6.1.3　人像摄影的拍摄方式

1. 摆拍

摆拍是通过组织和安排而进行的拍摄方式。被摄人物知道自己将被拍摄并会予以配合。摆拍在影棚摄影和日常的生活留影中被广泛采用，摄影师可以根据自己的构思布置环境、增减陪体和引导人物情绪。

在进行摆拍时，被拍摄的人物容易情绪紧张、动作不自然。对于这种现象，摄影师应耐心指导、交流，使被拍摄对象能够轻松自如地合作。

摆拍的摄影作品往往具有更好的用光、构图，更优美的背景，更漂亮的模特，更戏剧性的情节。所以，摆拍有很大的生存空间

📷 光圈：F8 快门：1/200s 感光度：ISO100 曝光补偿：0

2．抓拍

抓拍是由摄影师直接抓取被摄人物典型瞬间的一种拍摄方式。抓拍时，被摄者神情十分自然，举止也无拘无束，作品容易取得真实感人的效果。由于抓拍中的环境无法改变，且比较庞杂，摄影师应对背景进行选择，也可运用大光圈将背景虚化，以突出被拍摄的人物。

由于儿童好动的天性，采用抓拍的方式更能够拍摄出自然活泼的画面

光圈：F2.2 快门：1/250s 感光度：ISO100 曝光补偿：−0.3

6.1.4　人像摄影常用的用光方法

1．自然光摄影

自然光又称昼光，是由阳光和天空光组成的。天空光包括蓝天散射光和由于云、雾挡住阳光而产生的散射光。另外，在阳光照射下，还会形成一定的环境反射光。自然光在不同的季节、不同的天气和时间里，有不同的特点。

在自然光下拍摄人物时，如果人物处于过强或过弱的光线下，反差就会太强或太弱，此时，必须加用辅助光。室外辅助光多用闪光灯和反光板。使用闪光灯做辅助光时，要注意不能把阴影部分补成和明亮部分一样，而应当注意保持原有的环境气氛和特点。

优美的光线就在我们身边，有时阴天也能找到优美的光线，摄影师需要的是发现优美光线的眼力

光圈：F1.8 快门：1/400s 感光度：ISO100 曝光补偿：0

2．现场光摄影

现场光摄影最根本的特征是在拍摄时不施加任何人为的布光措施，而是充分利用拍摄现场现有的光线条件，尽最大的努力表现真实的现场感。常见的现场光有室内来自窗口、门口、屋顶的自然光，以及灯光、火光、烛光和室外各种现场光线条件等。

拍摄现场光照片，要仔细观察分析现场固有的光线并采取相应的测光模式，如果现场光线太暗，应使用慢速快门和大光圈，并可适当地调高相机感光度。

3．人工光摄影

最常见的人工光摄影是在专门的摄影棚内进行的，如影楼人像、全家福和结婚照等。它的拍摄技巧在于用光塑造人物的形象，目的在于美化人像。

人工光摄影时的室内布光有主光与辅光之分：主光是主要的照明光线，具有表现外部形态、表现典型特征和刻画人物气质的作用；辅光是配合主光照明的光线，用于弥补主光的不足，起到丰富影调层次、控制明暗反差、改善造型效果的作用。

布光时，首先安排好主光的位置，使它的强弱、方位、高低和光束大小有利于人像的造型，而后再确定副光的方向、高低与强弱。在室内人工光摄影中，前侧光是最常用的照明光位。它在突出脸部轮廓和强调立体感方面非常有效。前侧光是从水平角度30°～60°、垂直角度45°～10°的位置射向被摄人物，因此脸的小部分处于阴影中，大部分处于明亮处，在暗部的面颊上会形成一个三角形的光斑，因此又称"三角光"。

主光虽然起着非常重要的作用，但人物尚未被照亮的部分往往会有很深的阴影，暗面缺乏细节层次。所以需要辅助光来提高人物暗面的亮度，以控制明暗面的光比。辅助光比较适合采用光质柔和的散射光，以便起到均匀照明的作用。并且辅助光不宜超过主光的亮度，要比主光暗一些，以免破坏主光的光线效果。有时根据画面效果的需要，单纯使用反光板作为辅助光与自然光结合，往往能产生出乎意料的效果。

6.1.5 人像摄影的基本要求——形神兼备

拍摄人像作品，除了在摄影技术与技巧方面应打好基础之外，还应该努力使作品中的人物形象达到以形传神、形神兼备的效果。只有"形神兼备"才能使作品更具感染力。

人物的面部表情、举止动作，都与内心活动相联系。如何通过对人物体态的刻画深刻地揭示人物的内心世界，始终是人像摄影探讨的话题。人物的体态包括面部表情、四肢动作和全身姿态。每个人的外貌、文化背景、习惯和思想意识、个性等不一样，其体态的表现也各不相同。拍摄时应从人物的特征入手，仔细观察，找出能反映其内心活动的典型瞬间形象。

不同的表情与体态往往反映出人们不同的道德修养、社会地位、风度气质和个性特征。摄影者需要多加观察，用心体会。

在人像摄影的表现手段上要特别注意以下几个方面。

1. 眼睛

眼睛是人类心灵的窗户，人们能控制住自己的言语和动作，但无法控制眼睛所流露的内心情绪。

2. 四肢的动作

四肢的动作，特别是手势，在表达被摄人物的内心情感上起着"第二张脸"的作用。在日常生活中，手也是表达思想、交流感情、传达情绪的重要工具。通常，人们的动态表情变化很快，稍纵即逝，这就需要我们勤于观察，善于思考，眼明手快。

3. 环境

多数人像摄影作品都是人物与环境的组合，因此，我们在深入观察人像的同时，也要仔细观察人像所处的环境，通过环境来表现情节与场景，进一步说明人物，表现人物的个性，以扩充画面的信息量，展示并渲染作品的氛围。

"形神兼备"不单单是摄影技术问题，而是与摄影者的观察能力、反应能力及艺术修养有着很大的关系。要拍摄出优秀的人像摄影作品，应在这个问题上狠下功夫。

光圈：F1.8 快门：1/250s 感光度：ISO100 曝光补偿：0

6.2　户外人像摄影

在户外拍摄人像，最重要的就是要掌握好各种光线。自然界的光线在一天中会发生很大的变化，它们是摄影佳作的珍贵资源。用好自然光，是拍摄人像摄影作品最基本的功力。

6.2.1　顺光拍摄真实自然的人像

与相机的方向相同，投向拍摄对象并与相机镜头光轴形成0°～15°夹角的照明光线称为顺光。顺光是比较容易掌握的一种拍摄光源。由于光线直接投射到人物的正面，拍摄对象的面部和身体的绝大部分都直接受光，阴影面积较小，画面的影调较明朗，明暗反差较小，测光与曝光相对比较容易一些。

这种用光方法可以很好地表现人物的肤色、鲜艳的服饰及画面中的各种细节，在人们日常的生活摄影和专业机构的人像写真摄影中应用比较广泛。顺光拍摄的技巧比较容易掌握，但这种表现方法也有缺点，顺光拍摄时人物的面部和身体的立体感不能靠光线照射形成，而是靠拍摄对象自身的起伏表现出来的，所以不容易营造模特五官的立体感。

在顺光下人物受光均匀，影调明朗，最适宜表现清新亮丽的风格。同时，顺光下的测光曝光也相对容易

📷 光圈：F2.8 快门：1/400s 感光度：ISO100 曝光补偿：−0.3

6.2.2　用逆光打造强烈的视觉效果

逆光是指光线从人物背后照射过来的光线。逆光拍摄是人像摄影中经常使用的一种手法，也最容易得到非常有创意的画面效果。其中，正逆光正对着镜头，从人物的正后方照射过来，人物受光面约占1/3，背光面占2/3，明暗对比反差最大，也最强烈，使画面产生很强的艺术效果。

使用逆光，可以照亮人物的轮廓，为人物打造明亮的轮廓光，并在人物的发梢形成金色的光芒。在逆光下还可以拍摄出漂亮的剪影照片。

拍摄逆光下的剪影，需要把握好两点：

①　人物的肢体造型应有必要的夸张以突出形式感。

②　力求准确曝光，此时应采用点测光模式以天空光为基准进行测光，以大的光比反差来弱化人物正面的细节。

解决逆光下人物正面受光不足而背景很亮的情况有以下两种方法：

①　表现人物面部表情和正面形象，可选用点测光模式对其脸部进行测光，并以此为基准进行曝光。

②　得到人物正面和背面都有良好的表现效果，可使用反光板或闪光灯为人物正面进行补光，使模特的面部也得到足够的光量。

逆光拍摄为小朋友打上美丽的光环

📷 光圈：F2.8 快门：1/800s 感光度：ISO100 曝光补偿：0

6.2.3 用侧光打造魅力人像

侧光是指光线从人物的侧面照射。运用侧光拍摄人像可以营造明暗对比较强的效果，并使画面中的人物有着更丰富的影调层次和很强的立体感，人物脸部轮廓形状和皮肤质感都能得到充分的展现，也更有利于表现人物的性格和内心状态。

侧光是一种个性很强的塑造光。用侧光进行人像摄影创作时要注意明暗交界线的位置和阴影部分的位置，如无特殊的创意需要，应按照3:2的正常比例把握好光比。

柔和的侧光有助于拍摄美丽细腻的人像摄影作品，因而被人们称为"最美的光线"，而强烈的侧光会形成明亮的强光和较深的阴影部分，在拍摄的时候应尽量避免强烈的光线，尤其是在室外拍摄柔美的女性时，应根据拍摄题材的需要，用反光板减弱强烈光线的影响，或者使用反光板对人物的暗部补光，使脸上的光线柔和一些，以便更好地刻画人物，使人物的脸部和皮肤看起来更加细腻。

正侧方向的光线，尤其是较强的正侧光，有助于塑造鲜明硬朗的人像风格，为作品增添一笔迷人的魅力

光圈：F2.8 快门：1/400s 感光度：ISO100 曝光补偿：0

6.2.4　巧用顶光

顶光多出现在晴天的正午前后。在顶光下拍摄，人物未受光照的部位，例如眼睛和鼻子的下方，很容易形成难看的阴影，影响人物面部的美丽，还会使人物睁不开眼睛，产生十分不自然的面部表情。因此，人们认为顶光不适合人像的拍摄。不过，有时候为了拍摄独具个性的或是有着硬汉风格的人像作品，顶光还是大有用武之地的。

克服顶光的难看阴影，有以下两种方法：

① 可以将人物安排在大树或建筑物的下方，避免顶光使人物的脸部形成阴影。

② 巧妙地使用道具，如透光的洋伞、草帽和遮阳帽等，遮蔽顶光的直接照射，从而使得面部本应受到的强光淡化或柔化。然后再用点测光测定面部曝光值，就可以拍摄出光影迷人的作品了。

利用遮阳帽减弱强烈的顶光所形成的难看的阴影

光圈：F5.6 快门：1/800s 感光度：ISO100 曝光补偿：0

6.2.5　用散射光拍摄甜美人像

在多云或者阴天情况下的光线是一种典型的散射光。在这种情况下，由于没有强光照射，人物整体受光均匀，明暗反差很小，非常适合拍摄柔和细腻甜美的人像作品。这个时候，不必担心高光区域发白而失去层次和暗部过度黑暗的现象出现，被拍摄的人物由于不受强光的影响，表现也会更加地轻松自如，摄影者可以把精力都集中在对人物的引导和拍照上。

在散射光下拍摄人像作品，如果希望提高反差对比，可利用反光板或闪光灯调节出柔和的光线对比效果；也可以通过强调人物本身着装的色彩对比、头发与皮肤的明暗对比来提升画面的反差感。此外，使用较大的光圈使位于前景中的人物清晰、背景因虚化而减弱色彩的强度，也可以提升画面的反差效果。

散射由于没有强光照射，人物整体受光均匀，明暗反差很小，非常适合拍摄柔和、细腻、甜美的人像作品

光圈：F2.8　快门：1/500s　感光度：ISO100　曝光补偿：0

6.2.6　拍摄美丽的夜景人像

夜景人像在人像摄影中是一个特殊的拍摄门类，它的拍摄难度较大，需要配合闪光灯、三脚架等附件才能顺利完成。

夜景中的灯光光源成分十分复杂，不同的光源有着不同的色温，拍摄时可利用现有的色温条件赋予画面以某种特定的色彩基调，营造现场感极强的效果。也可以通过调整白平衡对色温进行校正，以获得准确的色彩还原。

拍摄夜景人像时，由于受到光线限制，会用到较慢的快门速度，所以拍摄时必须使用三脚架。由于很难做到夜景中的人物纹丝不动，所以快门速度不宜过慢。可通过调整相机感光度或是使用闪光灯来保证得到合适的快门速度。

在城市中明亮的霓虹灯下拍摄夜景人像，应注意观察人物的受光情况，如果因距光源较近，受光明亮且有类似于顺光或者斜侧光的光照效果，可按正常光线条件下的拍摄方法拍照，不用考虑特殊的拍摄技法，也不必使用其他摄影附件。如果人物接受的是逆光、侧逆光或者是顶光照明，或者是在背景明亮而人物受光较少的情况下拍摄，则应使用反光板或者闪光灯为人物正面补光。

合理使用闪光灯拍摄靓丽的夜景人像

光圈：F2.8 快门：1/200s 感光度：ISO200 曝光补偿：0

6.3　室内自然光人像摄影

　　室内自然光是一种非常具有艺术表现力的摄影光源，有利于抓拍到人物生动自然的表情和渲染真实的环境气氛。由于室内自然光都是从门窗外投射进来的，所以这种光线称为"窗户光"。无论是晴天还是阴天，都可以在室内运用漫射的窗户光拍出极其自然、纯美的照片。

　　窗户光是一种特殊的光线，它不但具有漫射、柔和的特点，同时，它又像是一盏巨大的"灯"，就像室外直射光一样带有明显的方向性，即便是阴天散射光条件下的窗户光，亦是如此。在窗户光的照射下，被摄者的站位不同，被照射角度不同，收到的效果也不同。

　　利用窗户光作为顺光，可以把人物拍摄得非常明朗，皮肤非常细腻。不足之处是人物的脸部会显得的比较平淡。拍摄对象处于面向窗口的正中位置，其前额、鼻子、颧骨和下巴都处于白光照射之中，轮廓最为明显。光从侧面射来，面颊线条明显，面颊和颌部能产生阴影。头部微微转离相机，侧面光能产生最大的立体感。此时，最能表现一个人脸型特征的办法是，脸部微微转离窗户一些，转向阴影方向，使之只有侧面充分用光，可以得到鲜明的正侧光效果，正对窗户的亮部和背对窗户的暗部会形成强烈的反差，如有必要，可利用反光板或其他措施为阴影部位补光，以减弱两者之间的反差强度。

　　窗户玻璃的颜色和窗帘的颜色都会影响画面色温的变化，拍摄时应按照拍摄现场的色温对相机的白平衡进行相应的设定。

在距窗户稍远的位置，特别是加上附近墙壁的反光，我们可以得到非常柔和的光线，拍摄出画质细腻的人像作品

光圈：F2.8 快门：1/200s 感光度：ISO100 曝光补偿：0

6.4 拍摄甜蜜的情侣

情侣题材的摄影作品中，主体人物一般由两个人组成。拍摄这类题材，应以此作为安排画面结构的重心，并努力追求轻松、自然、欢快的情调，拍摄出如诗如歌的氛围。

6.4.1 设计优美的摆姿

拍摄情侣照片，男女双方最好能有一些比较常见的亲密动作摆姿技巧，一般是双人相背、双人面对面和双人面对镜头。

双人相背的姿势被广泛采用，其中最常见的就是背靠背。这种姿态可以表现出两人沉浸在幸福中的平静心境，仿佛在进行着幸福感的美妙传递。为了营造出幸福的氛围，需要在背景上下一番功夫，也可以选择比较有意境的前景来衬托。

拥抱更是情侣照片中出镜率最高的姿势之一。但是要注意调整动作和表情的差异，如果两个人的步调完全保持一致，拥抱得毫无保留，那么照片就很难传递出完美的意境。要引导男生尽量大胆主动一些，女孩则可以矜持含蓄，这样能够拍摄出含蓄而深情的感觉。也可以让画面感觉更加随意一些，也许这样更符合年轻人的状态。

"沉醉"的情调非常适宜表现情侣间爱情的美好。芳香的花朵、美丽的景色和动听的音乐都可以作为两个人深深沉醉的理由，想要拍摄出两人沉醉的画面并不难，只要找到这些打开幸福大门的钥匙，就能使拍摄对象沉醉，并表现出彼此分享幸福的神态。

有人说，爱情是艺术创作中永恒的主题。在摄影创作中，情侣的爱情亦是非常丰富的创作源泉。拍摄这样的题材，关键在于发挥摄影的写实性，使作品更加贴近生活

📷 光圈：F8 快门：1/200s 感光度：ISO100 曝光补偿：0

6.4.2　寻求个性化的表现

　　寻求个性化，是很多被拍摄对象的要求，也是摄影者对自己走上摄影之路以后所希望达到的更高境界。拍摄这样的照片，关键在于创意，在于对生活的深入理解，在于情节的设计。

　　拍摄出个性化照片的创意手段有很多，基本的原则是：生活化、情节性、悬念性。

　　生活化：就是尽量贴近被摄者的生活，照片看起来就好像你从某对情侣身边走过看到的片段那样熟悉、生动。

　　情节性和悬念性：是在生活中添加一种活力的元素，把爱情故事讲得有声有色，把情节表现得非常鲜活、生动。

对个性化作品的追求，创意很重要，新颖的构思、情节的设计缺一不可。在此基础上，充分运用摄影技术与技巧，不凡的作品就会出自你的手中

　光圈：F8 快门：1/800s 感光度：ISO100 曝光补偿：0

6.4.3　采用抓拍的手法

　　将抓拍运用在拍摄情侣照片当中去，能够得到更加生动自然的照片。由于作为情侣的拍摄对象并非专业模特，在镜头前往往比较拘谨，而抓拍就能将他们最自然的状态捕捉下来。趁拍摄间隙休息的时候，偷偷拍下生动的场面，画面效果一定会非常的自然。

1
2
3
4
5
6

7
8
9

抓拍有两种常用的手法，一是在总的情节设计下，让拍摄对象去自如地表现，摄影者随时准备按下快门，二是趁被拍摄对象没有发现的时候抓取他们最自然的表现，第二种手法往往更能出彩

光圈：F2.8 快门：1/400s 感光度：ISO100 曝光补偿：0

6.4.4　善于观察细节

局部细节往往更能够反映被拍摄对象的情感。拍摄这样的照片并不难，关键在于要有一双善于观察细节和发现美的慧眼。恋人亲密挽起的双手、相互凝视的双眼、嘴角一抹甜蜜的笑容等，这些都能够作为摄影细节表现的素材。它们不仅是构成唯美画面的主要元素，还可以用来传达恋人之间微妙的亲密感。只要仔细观察他们身体上每个部位的特征，这些细节可以更艺术化地表达出的主题。

在拍摄局部特写的时候，有一点要格外注意，那就是构图。最关键的还是要运用你的眼睛去观察，无论你是运用细节和抽象的语言去描绘人物之间的情感，还是微妙的联系，都要充分发挥你的想象力。保持构图的均衡很重要，最好能够给人稳定、舒适、和谐的感觉。

在发现这些细节的美之后，你可以采用抓拍的手法，为了确保这一美丽的画面能够再现，你也可以指导他们，让他们做出你要的那种感觉的姿势，然后进行拍摄。

细节是对被拍摄对象形态或情感特征的放大，细节还代表着摄影者的眼力，关键在于观察与发现。画面中并没有出现人物的正面形象，但通过环境的烘托和局部的特写，反而能够给人以更多的联想

光圈：F2.8　快门：1/200s　感光度：ISO200　曝光补偿：0

6.5　拍摄可爱的儿童

给儿童拍照片，是一件很幸福的事情。当你从镜头中去亲近天真可爱的小宝宝时，你会感觉你与他们融合在了一起，心中涌动着创作的激情。儿童摄影具有独特的艺术之美。新西兰职业摄影家学会的成员、女摄影家安妮·戈德斯以其非凡的想象力和独特的风格，拍摄了大量的儿童摄影作品。在她的眼里，儿童摄影是一项伟大而又神圣、纯洁的事业！如果我们以这样的理念去从事儿童摄影，那么，拍出的作品将是一首极佳的诗作。

6.5.1　从儿童眼睛的高度去拍摄

我们常常看到，有的人在为儿童拍照时，腰板挺得直直的，居高临下，端起相机就按动快门。殊不知，这样的拍照方法是摄影之大忌，拍出的照片也往往难如人意。如果你不是在刻意地追求某种特殊的拍照效果，请你一定要把相机端到与儿童眼睛同等高度的位置。这个位置最符合人们的视觉习惯，因此，最容易给人一种亲近、自然的感觉。儿童摄影的实践告诉我们，根据被拍摄对象眼睛的高度来调整相机的位置，不但易于沟通，而且拍出的照片会很亲切、很真实。

拍摄角度的选择对于画面主体的造型和观者的视觉感受起着十分重要的作用。与人眼同高，是成熟的摄影者经常采用的拍摄角度，因为这样的角度最容易得到真实而又亲切的效果。将其用于儿童摄影，更有着重要的现实意义

📷 光圈：F1.4 快门：1/60s 感光度：ISO100 曝光补偿：0

6.5.2 抓取儿童迷人的眼神

眼睛是心灵的窗口。在摄影艺术中，眼睛往往会成为人们关注的视觉中心，把眼神处理好，对表现一幅摄影作品的主题会起到画龙点睛的作用。

1. 把聚焦点放在儿童的眼睛上

许多人在端起相机为儿童拍照的时候，往往会依靠相机的自动聚焦功能进行聚焦。由于现代化的数码相机在向高度的智能化发展，而且，有的相机还具备了人脸识别功能，所以在很多情况下都可能会拍出很不错的照片。但是，如果仔细地品味一下摄影名作就会发现，有经验的摄影师在为儿童拍照时，都非常注意对眼睛进行精确地聚焦。

将焦点调到眼睛上，是儿童肖像摄影的一个基本原则：

① 由于眼睛比其他的部位都更加明亮，因此更容易聚焦。

② 眼睛的神态可以引起人们更多的联想，使作品产生丰富的内涵。

2. 捕捉儿童纯真自然的神态

童稚、童真是儿童的天性，儿童的随心所欲、为所欲为，可以为我们带来无限的童趣。刻意捕捉儿童纯真自然的神态，是儿童摄影艺术的一个理想境界。捕捉儿童纯真自然的神态，往往会采用抓拍的手法，当发现拍摄时机的时候，一定要及时按下快门，甚至尽情地去拍摄，然后从中选优。我们的目标只有一个，那就是抓住机会，抓住精彩的瞬间。

眼睛是心灵的窗口，捕捉儿童迷人的神态关键在于拍好眼睛，拍摄时，一定要把对焦点放在儿童的眼睛上

光圈：F2.8 快门：1/200s 感光度：ISO100 曝光补偿：0

1
2
3
4
5
6
7
8
9

6.5.3　重视前景、背景和小道具的使用

　　在一幅照片中，除了被拍摄的主体之外，往往还会有其他的画面元素（景物）存在，例如给宝宝在公园里拍照，往往需要红花、绿叶的陪衬，身后可能还会有绿色的植物作为背景，有时，我们可能还会需要一些小道具。

小道具的使用对于说明环境、突出主题、渲染儿童的可爱起着非常重要的作用

📷 光圈：**F4** 快门：1/640s 感光度：**ISO100** 曝光补偿：0

　　前景、背景和小道具也是摄影画面中的重要元素。在为儿童拍照的时候，根据现场情况和创作意图，选择、使用有意义的前景、背景和道具，对于衬托画面中的主体形象和渲染意境、营造气氛很有益处。重视这些基本元素的变化和组合，会带给我们无限的视觉享受。

6.5.4　拍摄户外快乐玩耍的小宝宝

　　城市绿地、百花盛开的公园里、碧绿的湖水、如茵的绿草，四处望去，景色怡人，山水花草皆可入画。尤其是在公园里，还有专门的儿童游乐场所，设施非常完善。在这样景色怡人而又清新的环境下拍摄儿童照片，是一个很不错的选择，镜头前的孩子一定会有上乘的表现。

　　户外摄影，亮丽的阳光为拍照提供了良好的照明条件。但是，由于光照角度和光线强度的不同，都会给拍照带来一定的影响。所以对于不同的情况，要采取不同的应对方法。

　　在明亮的阳光下，耀眼的光线会使孩子睁不开眼，同时，高角度的直射阳光还会在孩子脸上造成浓重的阴影。所以，当阳光很明亮的时候，不要让孩子的脸部正对阳光，要多用斜侧位置的光线或者散射光线为孩子拍照。

在大树下或者较高的树丛里为孩子拍照的时候，阳光透过树叶会在孩子的身上、脸上形成难看的花花脸。这时，应该仔细观察一下阳光照射的情况，尽量让孩子站在树下的阴影中，或者与树干或者树丛保持一段距离，直至脸上没有光斑为止

📷 光圈：F2.8　快门：1/400s
　　感光度：ISO100　曝光补偿：0

在阴影中为孩子拍照时，最好打开相机上的闪光灯或者插在数码单反相机热靴上的独立闪光灯进行补光。在比较明亮的阳光下拍照时，需要为阴影部位补光以消除较强的反差。在补光的时候，要注意掌握尺度，一般来讲，补光的强度应是主光的1/2～2/3，超过这个数值就会因补光过度而冲淡作为主光的阳光。

在室外为孩子拍照，最理想的光线还是从斜侧位置照射过来的光线。光线从拍摄点的左或右侧方照射到孩子身上，形成明显的受光面、阴影面和投影。画面明暗配置和明暗反差鲜明清晰，景物层次丰富，有利于表现画面空间的深度感和立体感。但是，为了孩子的健康和安全，这时的光线照度不要太强，以薄云蔽日下的光线最为理想。

使用前侧光为孩子拍照，容易获得丰富的层次细节和清晰的画质。但是，用于儿童摄影的前侧光应以有层次又较为柔和的薄云蔽日下的光线为宜

📷 光圈：F2.8　快门：1/800s　感光度：ISO100　曝光补偿：0

6.6　拍摄老年题材的作品

老年人是晚秋中的枫林，那似火的红叶令人心暖，老年人是夕照下的青山，那安然的身姿让人欣慰。一个人因为拥有老年，才享受到生命的完整，生命因为拥有老年，才演绎出更多的精彩。老年是生命田园的一季风景，是心灵翱翔的一片天空。

6.6.1　学会与老年人交流

进行以老年人为题材的摄影创作时，懂得如何与老年人交流十分重要。特别是初次见面的老年人，所以开始的时候尽量不要表现得过于冒昧、唐突，直接提出想要拍照的要求，这很可能会遭到拒绝。因为很多老人都更偏爱安静的生活，不愿被人打扰，你可以尝试先和他们聊天，比如询问他们的年纪，夸赞他们身体硬朗，总之随便说点家常话，等到老人慢慢开始接受了你，做出和你交谈很愉快的反应，再尝试提出拍照的要求，老人或许就比较愿意接受了。但要注意态度仍然要十分诚恳。如果经过和你的交谈之后还是不太愿意拍照，你就需要检讨自己的沟通技巧了。

在为老年人拍照的时候，如果想要他们做出某些姿势和表情，在语气上一定诚恳、谦逊，同时要考虑他们的身体状况与承受能力，绝不能对他们呼来唤去，不讲礼貌。

6.6.2 注重仪态和气质

老年人都有相当稳定的个性特征，在经历过人生的各种风浪之后，他们在任何人和事面前，都更加沉着冷静。健康的老年人会显得性格开朗、沉稳大度，不管是哪种气质，都是老年人文化修养和思想品质的表现。拍摄老年人的时候要注重仪态和气质的表现，高雅的仪态和潇洒的气度可以体现老年人良好的心态及优秀的自我修养。

为老年人拍照的实践告诉我们，他们非常希望自己在照片中的形象是美好的、赏心悦目的。在拍摄之前，一定要注意观察他们的仪态和着装。在拍摄一些老年的女士时，可以让她们适当画一点淡妆，以增加美感。仪态端庄的形象不仅能够体现老年人的生活质量、文化修养，也是他们能够赢得我们尊重和敬仰的重要原因。

为老年人拍照，还要注意他们的身体状况。不要总是让他们摆姿，而应该侧重采用抓拍的方法。这样既能保证照片真实自然，又不会给他们带来太多的负担和压力。拍摄的时间不要太长，以避免他们疲劳。在拍摄进行了一段时间后，最好让他们休息一会儿。拍摄老年人站立的照片，要注意节省老年人的体力，不要让他们站立的时间太长。

丰富的生活阅历造就老年人优秀的仪态和潇洒的气度

光圈：F5 快门：1/640s 感光度：ISO100 曝光补偿：0

6.6.3 抓取生活场景中的亮点

有些人在拍摄的时候，总觉得生活中那些平凡的小事没有什么值得记录的价值，其实不然，正是由于生活中平凡的点点滴滴，才汇成了一个人的生命长河。

老年人格外喜欢平凡、安静的生活，在他们身上，充分体现出那种追求平淡人生的大智慧。他们就像平静的湖面，懂得如何在这人生最为淡定的时间里，享受每件小事带来的快乐和满足，懂得依然充满希望，微笑着面对人生。

老年人在度过辛勤劳动的岁月之后，尽享晚年的幸福欢乐，他们和年轻人一样仍然有着年轻的心态，有着一颗童心，基于此，在他们的生活小事中往往会有很能入镜的亮点。在拍摄反映老年人生活的作品时，应注意发现亮点，表现亮点，表现老年人美丽多姿的晚年生活。

老年人在幸福的晚年生活中仍有着年轻人的心态，有着一颗童心，这往往会成为摄影作品的亮点。调动摄影手段着力表现这样的情节，你的作品也会有亮点

光圈：F8 快门：1/640s 感光度：ISO100 曝光补偿：0

Chapter 7　风光摄影

　　风光摄影是摄影领域中一个重要的门类，其独特的魅力令摄影人神往。在风光摄影题材中，还有自然风光摄影、城市风光摄影和夜景摄影等更具体的分类，它们各自都有着不同的特点，这就要求摄影者能熟练地应对各种复杂的拍摄环境，在摄影的实战中采用不同的摄影手法。

能力与素质目标

7.1 风光题材的拍摄技术与技巧

　　风光摄影是一个迷人的摄影题材。无论是春、夏、秋、冬，还是清晨、傍晚，无论是阳光普照，还是雨雪风雷，那一望无际的蓝天大地、江河湖海，那随风摇曳的丝丝柳枝、朵朵鲜花，都是那么的多姿多彩，令人心中涌动着按下快门的激情。风光摄影应该根据题材的不同，选择适宜的拍摄方法，但同时所有题材又有着共同的基本拍摄技术与技巧。

7.1.1 正确的测光与曝光是风光摄影的关键

　　正确的测光与曝光，是在技术上保证一张照片成功的最主要因素。曝光准确，拍出的照片色彩自然、明暗影调丰富、画面精致细腻；曝光过度会使景物过亮、色彩减弱、失去细节；曝光不足会使照片变暗，同样无法真实反映景物的层次和细节。

　　物体的亮度会随着时间、天气和场景的变化而不断改变，我们只有根据现场光线条件随时调整光圈的大小和快门速度，进行正确的曝光，才能拍摄出色彩鲜明、层次丰富的照片。

7.1.2 拍摄时间的选择

　　风光摄影是等待的艺术！同一地点的风光景物，随着季节气候变化而呈现着各种不同的姿态，即使在一天中，随着阳光、月光照射的位置和强度不同，景物也会呈现出不同的拍摄效果。这就要求摄影爱好者们熟练地运用云、雨、雪、雾等气候特征来增强照片的气氛，深化作品的主题；不辞辛苦地早起晚归，去找寻朝雾的清新、霞光的异彩和蓝色月光的幽静。

对于拍摄时间风光题材的照片而言，拍摄时间的选择比其他任何题材都更重要，因为只有在特定的时间段里，才能捕捉到摄影者所需要的拍摄时机。比如拍摄彩霞，只有在清晨或者傍晚才能拍摄得到，而且还需要提前赶往拍摄地点等待

光圈：F11 快门：3s 感光度：ISO100 曝光补偿：0

7.1.3　光线的选择

拍好风光照片，一定要重视并熟练掌握在不同的季节、不同的时间里光线发生的变化，以及在不同角度和位置下光线所产生的光影效果，依据现场光线条件采用相应的拍照手法，利用现场光线条件烘托主题、渲染气氛。

1. 利用顺光拍摄风光

使用顺光拍摄风景能够较好地表现景物本身的色彩。由于景物直接受到阳光的照射，所以不易受到色温变化和其他颜色的干扰，色彩饱和度较好，易于获得颜色鲜艳的画面。尤其是在拍摄本身颜色就很鲜艳的景物时，其色彩、色调会更加光艳照人。

由于顺光条件下的景物受光均匀，所以会使景物缺少深度和空间感。解决这个问题可采用以下两种方法：

① 对暗调的主体配以明亮的背景，或者对明亮的主体配以较暗的背景，通过增加明暗对比来营造画面的深度感。

② 使用较大的光圈，以小景深突出主体、虚化背景，营造画面的深度感。

顺光下拍摄景物，影调细腻，色彩丰富，曝光也比较容易

光圈：F11 快门：1/400s 感光度：ISO100 曝光补偿：0

2. 利用侧光拍摄风光

在斜侧光条件下，景物轮廓鲜明、纹理清晰、色彩鲜艳、立体感和空间感较强。这样的光线有利于突出景物的主体形象，画面上的光线强弱适度，明暗分配协调，很适合拍摄建筑、花木、山水、沙漠和田园等风光照片，它是风光摄影中运用较多的光线。

  侧光也有其不足之处。景物的受光面与非受光面有着明显的光比反差，特别是在强光条件下，这个差距会更加明显，容易给景物的层次、质感带来损失。解决这个问题的办法是准确把握对景物的曝光，可先以景物的高光部分进行点测光，并在此基础上增加半级曝光。

在斜侧光条件下拍摄，景物轮廓鲜明、纹理清晰、色彩鲜艳，画面富有立体感和空间感

📷 光圈：F11 快门：1/200s 感光度：ISO100 曝光补偿：0

3. 利用逆光拍摄风光

  逆光照射下的景物边缘部分都被照亮，能够形成清晰的轮廓光效果，可以很好地表现出景物的立体感，同时能表现出较强的空气透视效果。

  逆光拍摄也是风光摄影中经常使用的方法，而且逆光效果也是被广大影友津津乐道的一种光影效果。使用逆光拍摄都市风光，能够清晰地勾画景物的轮廓，使景物披上一层耀眼的光环，神秘而又光彩照人。拍摄清晨或者傍晚的彩霞，更能体现逆光摄影的诱人之处，漂亮的霞光，温暖的色调，剪影效果的城市建筑、远山风景，会把画面装点得漂亮非凡，如果把天边的太阳也拍进画面，会使画面更加雄伟壮观。使用逆光拍摄水景，也会获得比其他光照条件下更理想的效果。在运用逆光进行拍摄时，最好在镜头前加上遮光罩，以免阳光进入镜头。

逆光下的风景非常迷人

光圈：F11 快门：1/800s 感光度：ISO100 曝光补偿：0

4. 利用散射光拍摄风光

散射光是没有明显照射方向的光线条件，景物亮部与暗部对比较柔和，反差较小。散射光下拍出的景物缺乏立体感，不利于对景物的造型，但是却非常有利于拍摄柔和而又抒情的风光照片，还能给照片营造特殊的氛围。在多云天、阴天、雨天和雾天等条件下拍摄时，可以充分利用景物本身的明度、色彩差异，以及由空气厚度所造成的虚实变化，拍出色彩柔和、影调细腻的作品。

散射光条件下容易拍摄出影调细腻、色彩丰富的照片，曝光也比较容易

光圈：F11 快门：3s 感光度：ISO100 曝光补偿：0

5．利用区域光拍摄风光

区域光是指景物的某一区域被光线照亮，其他部位则不受光照的影响或者光照效果不明显。就像是舞台上的追光灯随主角的移动而移动，而舞台上的其他位置基本上处于黑暗之中。在自然界中，特别是在多云的天气条件下，由于云朵的阻挡，经常能遇到这种光线，大地的某一区域被云朵与云朵之间的阳光照亮，而其他部位则处于阴影之中。从窗口照射进房间内的光线、夜幕中灯光闪烁的窗口、日出日落时水面泛起的亮光、清晨与傍晚天际的光线等，也都属于区域光。

利用区域光拍摄风光大致分为以下3个步骤：

① 把相机测光方式选择为点测光。

② 把镜头对准风景中区域光的位置，半按快门获得测光数值。

③ 右手食指保持在半按快门位置并重新构图，然后按下快门拍照。

当太阳距地平线很近时，或者一部分阳光被云朵遮挡时，地面景观最容易出现局部区域被照亮的现象，而当这部分亮区恰好落在我们所心仪的景点上时，这一抹亮光一定很美

光圈：F16 快门：1/100s 感光度：ISO100 曝光补偿：0

7.1.4 用好透视

运用好透视原理，可以营造出画面的深度和空间感。我们可以通过影像大小的对比，来有力地营造透视效果。使用广角镜头，还可以强化这种对比效果。

当拍摄的景物中含有雾气、蒸汽、灰尘或烟雾时，我们会发现近距离的景物影调深、轮廓清晰、反差大，而远距离的景物影调浅、轮廓模糊、反差小，这种近清晰、远模糊的现象被称为空气透视。这种远近景物在影调上的差异，可以很好地营造透视效果，增强画面的深度和空间感。

在营造透视效果时，应注意空间布局的合理性，巧妙地利用景物中的前景、背景、近景、中景和远景，以多景层强化透视效果；利用景物色彩的明暗、浓淡变化突出景物的空间深度；调动角度、光线、线条和影调等手段，强调立体感和空间感。

利用透视原理拍摄风光，可以营造很强的深度感，方法有很多种，其中最容易实现也最常用的就是使用广角镜头拍摄，其近大远小的变形效果令人叫绝

光圈：F16 快门：1/200s
感光度：ISO100 曝光补偿：0

7.1.5 选择拍摄角度

苏轼的《题西林壁》中有这样一句诗："横看成岭侧成峰，远近高低各不同。"意思是说，同是一座庐山，观景所处的位置不同，看到的风景也不同。

大自然中山美、水美，景色万千，秀美怡人。只要我们不辞辛苦，迈开脚步，运用我们的知觉、智慧和情感，把整个身心都倾注到眼前的景物中去，从不同的角度去观察、取景，就一定会有意想不到的收获。

合乎人们视线习惯的平拍，可以使观众对画面产生身临其境的视觉感受。平拍还有助于使主体在画面上更多地挡去背景中不必要的景物，以突出主体。

俯拍有助于表现景物的环境和气势。由于镜头处在正常的水平线之上，所以，画面中水平线升高，前、后景物在画面上得到充分展现，这有利于交代景物所处的地理环境，强调景物的场面、规模和气势。把相机放低一些，以低角度拍摄，不但可以突出主体景物，还可以有效地刻画前景细节，在陪衬主体景物的同时，进一步强化主题。

同一个景物，即便是采用平拍的角度，拍摄位置的左右移动也会产生不同的视觉效果，这需要拍摄者在取景构图时花费心思

光圈：F11　快门：1/200s　感光度：ISO200　曝光补偿：0

7.2　拍摄雄奇秀美的山川

在风光摄影中，广阔的山川是一个重要的拍摄题材。它起伏连绵的气势、雄奇高耸的山峰，以及山脉之中的碧水、婀娜秀美的丛林，都是我们拍摄的好题材。

7.2.1　利用蓝天白云衬托山景的俊秀

拍摄山水风光摄影作品时，蓝天白云是必不可少的画面元素。在春、夏季节的雨后，蓝蓝的天空飘浮着白云的情况会比较多，这正是我们拍摄山水风光的大好时机。

好天气为我们拍摄好作品提供了条件，想要成功地把这美丽的景色拍下来，还需要在技术层面上下一些工夫。

做到准确曝光：若想突出表现蓝天白云的魅力，应该适当减少曝光量，一般以减少1/3～1/2挡曝光量为宜。

要注意拍摄时的用光：尽量在顺光的角度下拍摄带有蓝天白云的风景。

利用偏光镜、ND减光镜(灰度镜)强化效果：把偏光镜前镜片旋转到一定的角度时，可消除空中的偏振光，从而提高蓝色天空和洁白云朵的饱和度。

将蓝天白云拍进画面，山川风光会更加美丽

光圈：**F16** 快门：**1/400s** 感光度：**ISO100** 曝光补偿：**0**

7.2.2   拍摄群山环绕的雄伟气势

拍摄群山层峦叠嶂的雄姿，除了根据创作的需要去取景构图之外，还要注意把握好以下几个环节。

光线的性质：晴好的天气下光线明亮硬朗，再加上蓝天白云的烘托，有利于展现山峦的雄姿，远景和近景都会十分清晰；而阴天的光线比较柔和，有助于我们细腻地刻画景观的柔美。

光线的方向：顺光拍摄，光线虽然平淡，却能让人感到亲切；侧光或者斜侧光拍摄会增强画面的立体感，有利于对景观的造型。

测光：在景物亮度比较均匀的情况下，平均测光和中央重点测光即可满足拍摄的需要；当画面中有大面积的阴影时，则应选用矩阵式测光方式；更复杂的情况下，可采用点测光。

曝光模式：应首选光圈优先曝光模式，以便根据拍摄需要去确定合适的景深范围。

在一般情况下，拍摄群山环绕的风光照片，以横幅画面为宜。有时为了获得更为宽广的画面，还会进行后期剪裁处理

光圈：F11 快门：1/640s 感光度：ISO100 曝光补偿：0

7.2.3 拍摄峻峭的山峰

拍摄山峰的壮观，重点在于表现它的高耸与雄险。对于陡峭直立的山峰来说，近距离并使用广角镜头仰角度拍摄比较理想，可通过近大远小的夸张透视突出其高大。而对于远景中的山峰来说，可使用长焦镜头平角度将其拉近拍摄，这时，因为没有了夸张透视的变形效果，可在背景中纳入远景中的山岭，以大小对比来烘托山峰的高大。

摄影用光宜选用晴好天气下的斜侧光线，以其鲜明的明暗对比于细微之处刻画山峰的陡峭。画面主体与背景之间如有缥缈的云雾，应将其摄入画面之中，以空气透视来突出画面的深度，突出山峰主体。拍摄高山峻岭，景深范围不宜过小。由于山景通常都处于较远的位置，所以，即便是较大的光圈，我们也会得到较大的景深范围。在拍摄时，如果选择光圈优先模式，并将光圈设定在F8或者更小的挡位上，会确保远景和近景都能有清晰的呈现。

峻峭的山峰层峦叠嶂，逶迤连绵

📷 光圈：F11　快门：1/800s　感光度：ISO100　曝光补偿：+0.3EV

7.2.4　拍摄美丽的高原风光

拍摄高原风光，宜选择晴好的天气，以亮丽明朗的光线尽显高原风光的华丽色彩，同时采用斜侧光或者侧光拍摄，可增强画面的立体感，营造深远的空间。

具体而言，可以采用以下技法：

选择一个较高的拍摄位置：高角度俯拍有利于表现高原风光的广阔，将更多的风景容纳于画面之中。如果找不到较高的拍摄位置，可采用平拍的角度，这样的角度会使人感到十分亲切。

使用广角镜头拍摄：会进一步加大拍摄范围，镜头夸张透视的优势还会营造出更强烈的空间深度感。使用中长焦镜头拍摄，则有利于将远处的景物拉近，进一步增强观赏者与画面内容的距离，让人感到更加平和亲切。

运用光线营造画面效果：明朗的侧光和斜侧光有鲜明的明暗反差，有利于表现画面的层次，赋予画面立体感。而顺光则显得比较细腻，可精细描述景物的细节。阴天的散射光反差平淡，这个时候应尽量寻找明暗对比较鲜明的景物并将其拍进画面，以有效地增强画面的反差。

表现广阔的高原风光时，一般应采用横幅画面

📷 光圈：F11 快门：1/640s 感光度：ISO100 曝光补偿：0

7.2.5　拍摄绿色大草原

美丽的大草原广阔瑰丽若想通过拍摄来展现它的美丽风光，首先需要注意的是测光与曝光。在一般的天气条件下，绿色基调与蓝色天空的亮度比较适中，采用平均测光即能满足拍摄需要；而当天空过于明亮或者背景有充满积雪的山脉时，画面亮度会出现强烈的反差，这时，采用中央重点测光才能正确表现绿色草原的亮度。如需兼顾背景亮度，可在测定曝光值的基础上据实给予正或负的曝光补偿。

将民俗风情与草原风光结合起来，赋予画面丰富的生活气息，会使画面很有意境。例如，色彩鲜亮的蒙古包、纵横驰骋的马群、悠然自得的牛羊，它们不但可以使画面富有生活情调，而且其鲜亮的色彩在绿色基调的基础上会使画面更加抢眼。

7.2.6　拍摄美丽的梯田

拍摄梯田，首先要注意的是拍摄角度。它与拍摄山峰正好相反，应选择一个较高的拍摄位置，以俯拍的角度去容纳更广阔的画面，同时，可使梯田呈现出更大的面积。

其次是用光的选择。拍摄北方的梯田，选用斜侧方向的光线就能得到层次鲜明的效果，而拍摄南方带有水面的梯田，选用侧逆方向的光线，会使水面更为明亮怡人。特别是在晴好天气下拍摄，画面的明暗反差更强，更富有美妙的节奏与韵律。选择光圈优先曝光模式并将光圈设定在较小的挡位上，可获得远景和近景都很清晰的画面。逆光拍摄带有水面的梯田时，由于光线条件复杂，无论是矩阵式测光还是点测光，在曝光以后都应及时审查曝光效果，并据实给予修正。

欣赏美丽大草原的同时，看着悠然自得的羊群，观赏者的心情也会得到放松

光圈：F8 快门：1/400s 感光度：ISO100 曝光补偿：0

在逆光或者侧逆光条件下拍摄南方带有水面的梯田时，由于画面存在着强烈的反差，应选择矩阵式测光甚至点测光的方法，并将测光重点放在水面上

光圈：F11 快门：1/200s 感光度：ISO100 曝光补偿：0

7.2.7　拍摄金色大沙漠

　　拍摄沙漠题材，要注意阴影在画面中的表现。特别是在大沙漠中常见的晴朗天气条件下拍摄时，应精心观察并巧用来自斜侧方向或者侧方向的光线，以未受光部位所形成的浓重阴影与大沙漠本身所具有的亮黄色的强烈反差，突出一种硬朗的作品风格。拍摄之前，应仔细观察和审视周边环境，努力寻找有价值的陪体，例如有没有顽强地生长在沙漠中的植物，有没有路过拍摄地点的驼队、车辆等，把他们拍进画面，以生命烘托苍凉中的希望，会使作品倍添活力。

拍摄金黄色的大沙漠时，加入碧蓝透彻的天空，可形成鲜明的色彩对比

光圈：F8　快门：1/800s　感光度：ISO100　曝光补偿：0

7.3　拍摄美丽的江河湖海

　　水景在风光摄影中是一个很重要的拍摄题材，内容非常广泛，包括大海、江河、瀑布、水乡、山间小溪……绮丽妩媚，秀色皆可入镜。不同样式的水景，需要不同的拍摄手段去表现，其关键在于对测光模式、曝光模式和色温等内容的设定与调整。

7.3.1　重视水平面的构图

　　水平面在画面中的位置也很有讲究。如果以水景作为画面的景物主体，就应该把水平面安排在画面上1/3的部分，以有力地表现大面积的水域，而如果表现对岸的风光，只是把水面作为景物的陪体，则应该把水平面安排在画面的下1/3部分。把水平面安排在画面的1/2位置，属于对称式构图，画面会显得端庄大气，别有一番韵味。

巧妙运用对称式构图，画面显得端庄大气，别有一番韵味

📷 光圈：F11 快门：1s 感光度：ISO100 曝光补偿：0

7.3.2　弯曲的部位有诗意

拍摄海滨、湖泊、河流时，在画面的构图上，裁取海岸、河流的弯曲部位，会使画面呈现出一种动态的、有节奏有韵律的美，让人浮想联翩，回味无穷。

在摄影构图中，对曲线的评价是线条流畅、细腻和充满柔情，它还有着节奏变化和方向引导的作用。用心审读江河湖海之岸所形成的曲线，的确很美，很柔情。把它们拍进画面会赋予照片以诗意和音乐般的感觉

📷 光圈：F8 快门：1/200s 感光度：ISO100 曝光补偿：0

7.3.3 把水中倒影拍进画面

拍水中倒影最常见的构图形式，是把岸上景物与平静的水面同时纳入画面，形成景物和倒影清晰、完整的对称影像，这种对称式构图最能体现宁静的特点。如果水面在微风吹拂下泛起涟漪，形成抽象、律动的画面，拍出来后会更加好看。如果为水面加上一些动感元素，例如水上的轻舟竹筏、游弋的水鸟等，更会为画面增添情趣。

拍摄以水景为主题特别是有辽阔的水面在画面之中的时候，如无特殊的创意，应准确地把握水平线的位置

光圈：F11 快门：1/400s 感光度：ISO100 曝光补偿：0

7.3.4 拍摄大海

表现大海的美丽，首先需要掌握好测光与曝光等最基本的摄影技术与技巧，这是拍好照片的前提。在这个基础上，应进一步从摄影审美的角度去衡量我们镜头中的大海，从构图、用光、镜头的选用、色彩与对比等多方面去审读大海的美丽，并运用这些表现手法体现自己独特的构思，拍摄出与众不同的摄影佳作。这样的作品一定会吸引人们的眼球，打动人们的心灵，使自己的情感表达与读者的审美感受产生强烈的共鸣。

具体而言，应注意以下几点：

防止出现曝光不足的问题：拍摄以大海为题材的作品，大面积的水面常常是画面表现的主要内容，自然应该是测光与曝光的主体。在实施测光与曝光的时候，有一个问题必须引起注意，因为阳光的照射和天空光的映射，特别是在光线比较强烈的时候，海面反光的现象会比较严重，如果仅凭测光值去实施曝光，必然会导致水面曝光不足。解决这个问题的方法，就是适度增加曝光量，可启用相机的曝光补偿功能，在手动曝光的模式下亦应通过光圈或快门的设置来增加曝光。

　　构建均衡与和谐的画面：充分运用黄金分割构图法则，尽量将画面主体放在黄金分割点上，并运用对比、对称的原理来构建画面的均衡与和谐。在拍摄以海面为主的画面时，倾斜的海平面会使画面的美感大打折扣，所以，取景构图时一定要注意海平面的平衡。

　　巧用镜头：不同焦距的镜头，会产生不同的画面效果，长焦镜头能够压缩透视，营造紧凑的构图，广角镜头能够夸张前景，增强空间透视感，而超广角镜头则会营造出令人惊叹的神奇效果。

　　寻找美妙的线条与图案：海边的岩石、冲向岸边的波浪、海滩上高耸的热带植物、人们休闲度夏的凉棚等，通过对它们的选用或者组合，我们会得到各种各样的美丽图案和线条，而海岸线弯曲部位多变的线条更能够营造出美妙的意境。

拍摄大海波浪涌起的局部画面时，由于海水与海岸有着很强的反差，所以测光问题就变得十分重要。当白色浪涛占据画面较大面积时，中央重点或者分区评价测光一般就能得到理想的曝光效果。如果画面亮暗分布比较复杂，可采用包围曝光模式

📷 光圈：**F8** 快门：**1/100s** 感光度：**ISO100** 曝光补偿：**0**

7.3.5　拍摄江河

　　在不同的光线和气候的影响下，美丽的江河有着不同的表现形态。

　　受光线照射方向的影响：水面颜色和波浪的形态各不相同。在顺光或者顺侧光照射下，色彩浓艳，而在侧光照射下，水面颜色的饱和度会有所降低，波浪的起伏线条及明暗反差较大，在散射光照射下，由于水面均匀受光，色彩就显得淡雅柔丽，没有明显的反光。

　　受环境光线的影响：蔚蓝色的天空可以使水面色调偏蓝，青山环抱的水面可以使水面色调偏绿，而晨曦中霞光四射的天空和黄昏时金黄色调的阳光，可使水面呈现出暖暖的偏红色调或者偏黄色调。在摄影实践中，了解江河美景的这些特性对于更好地表现它们会有很大帮助。

　　注意水平线在画面中的位置：拍摄江河，特别是拍摄辽阔的水面时，一定要注意水平面与沿岸景观的分界线（即水平线）在画面中的位置。一般来说，将水平线放在画面的下1/3处时会给人以稳定均衡的感觉，天空中美丽的云霞和岸边的美丽风景也都会有一个合理的好位置。如果需要表现宽广的水面景色，则可以将水平线放在画面上1/3处。而将水平线放置于中间位置时则可以兼顾水面和沿岸的景观。

　　寻找美丽的造型元素：江河不但有它自身的奔腾之美、幽静之美，水面和岸边的景观也格外地为它增色，在广袤的水面映衬之下，这些景观也显得非常秀丽、素雅。发现这些美丽，把它们拍进画面，一定会得到一幅唯美的摄影作品。

九曲黄河弯曲的河道很壮观，而平静江水的岸边景色亦很迷人，关键在于摄影者要独具慧眼

📷 光圈：F11 快门：1/80s 感光度：ISO100 曝光补偿：0

7.3.6　拍摄瀑布

　　拍摄瀑布关键在于正确的曝光和拍摄瀑布不同的态势，主要涉及对正确测光、选择拍摄角度与镜头、拍摄用光等几个关键环节的把握。

　　正确测光：拍摄瀑布时的测光重点是正确反映瀑布的层次细节。曝光过度，会使瀑布的高光部位失去层次，而曝光不足，画面前景中的暗调也会失去层次和细节。测光时，如果瀑布在画面中占据较大的比例，且与前景亮度没有太大的差别时，可采用中央重点测光模式，而如果两者反差强烈，则应以点测光模式进行测光，并根据前景中暗调部分的表现适当地给予曝光补偿。

　　拍摄角度与镜头：从瀑布摄影的实践来看，摄影者一般都能够在距其较近的位置拍摄，这给采用仰角度拍摄提供了极大的方便，自下而上仰拍，有助于我们表现瀑布居高临下喷泻奔腾的气势，使用广角镜头，利用其近大远小、下大上小的透视变形，更可以强化这种效果。

　　用光：采用来自斜侧方向的光线，有助于表现瀑布的层次细节，赋予画面光鲜的色彩和立体感。而在侧逆光的条件下拍摄瀑布时，我们常常可以看到美丽的"彩虹现象"，把它拍摄下来会令画面独具魅力，更加漂亮。

拍摄瀑布，除了对快门速度的巧妙利用之外，测光与曝光、拍摄角度与镜头的选用都是需要注意的问题。对于富有创意的画面效果来说，拍摄角度是关键，正拍、侧拍或是俯拍、仰拍，会得到不同的画面效果

📷 光圈：F11 快门：1/400s 感光度：ISO100 曝光补偿：0

7.3.7　拍摄流动的小溪

　　小溪常见于山间、林荫之中，有时亮度不足，所以，给予充足的曝光就显得十分重要。可通过加大光圈或者延长曝光时间去实现。使用慢速快门可将小溪拍摄出如丝绢般柔顺的效果。当需要更慢的快门速度时，一是调低相机感光度，二是使用中灰密度镜，都可以延长曝光时间。当快门速度低于安全速度的时候，一定要使用三脚架来保持相机的稳定。

拍摄小溪流水，应用色彩鲜艳的景物做陪衬，还可利用较慢的快门速度让溪水呈现出梦幻般的效果

📷 光圈：F32 快门：1/100s 感光度：ISO100 曝光补偿：0

7.3.8　拍摄美丽的江南水乡

水乡是水景摄影中一道独特的风景。这里不但有清秀苍翠的山水，而且还有着别具一格的小桥、流水、人家，浓郁的水乡风情令人留连忘返。

拍摄水乡题材的作品应注意以下事项：

拍摄角度：拍摄水乡，一般宜采用平拍的角度，从正面描绘景物细节。当把地平线放在画面中间的位置时，可兼顾穿村而过的小河风景和颇具特色的沿岸民居，全景展现水乡风情。如果突出表现民居特色或者小河美景，则可采用略俯拍或者仰拍的角度以调整地平线在画面中的位置。

选用广角镜头：由于水乡的街道、建筑相对比较集中，对镜头的选择应以广角镜头作为首选，以便拍摄到更为广阔的画面，使用超广角镜头拍摄，更会收到与众不同的画面效果。

测光与曝光：拍摄水乡风情时，对光线应进行仔细的分析和观察。拍摄全景时，布满绿色植物的山体常呈现出较深的色调；受山景的影响，水面也常常会是深绿的颜色，稍有不慎，就容易导致曝光过度。测光时，应以村落建筑作为基准，然后根据全景光线和创作的需要决定对曝光量的增减。必要时，应采用包围曝光的模式，以1/3或者1/2的挡位一次连拍3～5张，从中选优。

平拍的角度容易给人以亲近温馨的感觉。但是，水面和岸边交接处的水平线可能会处于画面的重要位置，这时，确保其水平对于构图来说非常重要

光圈：F11　快门：1/400s　感光度：ISO100　曝光补偿：0

7.4　拍摄城市风光

城市风光是风光摄影中一个非常广泛的拍摄题材，千姿百态的城市建筑是最具代表性的拍摄内容，是城市里靓丽的风景线。精细地展现它们的风采，应把握好对它们形态细节的描绘。

1.测光与曝光

天空和建筑亮度反差不是很大时，用平均测光可获得满意的曝光；反差比较大时，选用中央重点测光或者矩阵式测光则更为稳妥。构图上，如果建筑物不在画面的中心或者接近中心的位置，则应先对准被拍摄的主体建筑进行测光，然后锁定曝光。拍摄外墙为玻璃幕装饰的建筑物时，如对测光造成影响，应在测光的基础上，根据建筑物在画面中所占的面积比例适当增加曝光补偿。

如果对曝光效果有更精细的要求，或者需要多拍几张以便完成拍摄以后从中选优，可以使用相机的包围曝光功能，并设定相应的拍摄张数。

2.镜头选择

拍摄高层建筑，应根据拍摄距离和景深要求选择合适的镜头。如果想要突出建筑的高大，可选用广角镜头近距离仰角度拍摄，镜头焦距越短，近大远小、下大上小的效果越明显。如果需要拍摄楼体的真实比例，则应选择一个较远的距离并尽可能地找一个制高点拍摄，这时候需要使用长焦镜头将建筑物拉近拍摄。远距离拍摄建筑群时，使用广角镜头可容纳更多的建筑物，拍摄出更广阔的效果。使用长焦镜头可压缩建筑物与建筑物之间的距离，突出其密集的效果。

7.4.1 拍摄高层建筑

拍摄雄伟高大的现代化建筑，选择一个合适的拍摄角度非常重要。这个角度，一是取决于创意的需要，二是取决于现场拍摄条件的制约与应对措施。

平拍：当拍摄现场有很大的空间时，我们可以选择平拍的角度，从容不迫地精心刻画建筑物的全貌和细节。当我们需要以近景中的建筑物做烘托以突出某一个漂亮建筑，而需要从远距离拉近拍摄时，平拍的角度恐怕就更是不二之选了。

仰拍：适合突出被拍摄主体的高大，当选用广角镜头时，利用它近大远小的透视变形效果，这种高大的效果会更加突出。而拍摄现场空间不大且不适合远距离拍摄时，同样需要仰拍的角度。

俯拍：从一个较高的角度俯拍则非常适合全景式建筑风光的拍摄需要，它可以将更多的内容纳入画面之中。这个时候，如果使用鱼眼镜头拍摄，不仅能够将不在人眼视角之内的景物纳入画面，而且还会收到令人惊叹的奇异效果。

使用鱼眼镜头并采取仰拍的角度，能够获得极其夸张变形的戏剧效果，测光模式以中央重点测光为宜

光圈：F11 快门：1/160s

感光度：ISO100 曝光补偿：0

7.4.2   拍摄地标性景观

地标性景观是能够被公众一眼就认出来，并得到公众认可的一座城市外观上的印象和标志。地标性景观象征着这座城市的精神和文化，往往都有着美丽而又独具风格的造型，或者是代表着这座城市久远历史的积淀与传承，抑或者是代表着这座城市先进的科学技术发展水平。

拍摄地标性建筑首先要抓住它基于这座城市精神和文化的特点，找出它最具特色、最有代表性的画面造型效果，寻找最佳的拍摄角度。在寻找最佳拍摄角度和构图时，如果能够加上自己对这座城市和景观的理解并将其变成生动的画面语言，就一定会拍出与众不同的摄影佳作。

拍摄地标性建筑要抓住它基于这座城市精神和文化的特点，并找出它最具特色最有代表性的画面造型效果和角度

光圈：F11 快门：2s 感光度：ISO100 曝光补偿：0

7.4.3   拍摄美丽的城市街景

漫步于城市街道之中，你会发现，不同的城市有着不同的街道景观和不同的人文习俗，把它们拍摄下来，亦是一件乐事，且很有纪念意义。拍摄城市街景，应着重寻找体现这座城市街道建筑与交通的典型特点、体现人们的居住环境和生活的画面。

街拍时往往会受到空间不足的限制，所以在相机上安装一只广角镜头会有更强的适应性。曝光模式应选择光圈优先模式，并把光圈设定在一个较小的挡位上，以获取更大的景深范围，将远景和近景都拍清晰。将测光模式设为中央重点测光，基本上就能够满足拍摄的需要。

大部分人都不会在自己的城市中驻足，欣赏和惊叹那些令这座城市如此美丽、如此伟大的东西。真正的城市摄影不是只拍摄市中心那些雄伟的建筑，而是应该反映那些日复一日的城市生活

光圈：F8 快门：1/400s 感光度：ISO100 曝光补偿：0

7.4.4　拍摄城市园林与绿地

园林与绿地被人们形象地称为"城市之肺"，它不但能够静化城市的空气，还会使在拥堵的环境中拼搏的人们有一个清凉愉悦的好心情。

不同的城市，不同的园林，有着不同的特点，拍摄它们，同样需要首先找出各自的不同特色，并寻找最具代表性的景点和角度。拍摄园林和绿地大都需要将远景和近景都表现得非常清晰，所以宜采用光圈优先曝光模式，并选择较小的光圈，以较大的景深去展现它们的全景风貌。

城市的园林与绿地清新雅致，拍摄时，应尽量选择优美的景观，并力求配齐前景、主体和背景

光圈：F11　快门：1/400s　感光度：ISO100　曝光补偿：0

7.5　拍摄名胜古迹

美丽壮观的名胜古迹，它们如璀璨的明珠闪耀着迷人的光辉，是我们镜头前绝妙的拍摄题材。同样的景点，不同的摄影者能够拍摄出不同的效果，其关键在于观察与思考。拍摄这些美丽的题材，就如同我们在与历史对话，应该对其进行认真地观察，从中找出其精髓所在，方能拍出与众不同的摄影佳作。

7.5.1 拍摄古典建筑的对称之美

现存的许多皇家与宗教名胜古迹建筑多为对称式结构。这种形式不但给人以稳定的感觉，同时，还体现出了皇家、宗教的威严。

拍摄好对称形式的古建筑，应注意把握好以下几点：

找准水平线与中轴线：取景构图时一是要找准画面中的水平线并使之保持水平，二是寻找景物的中轴线，把拍摄位置选定在中轴线上，并使中轴线位于画面水平线的中心位置。只要站在中轴线上并保持画面水平，就一定能够拍出左右对称的效果来。

拍摄高度与镜头：平拍的高度可以让人们以接近于现实生活的视角去欣赏作品的美丽，而仰拍的角度则可以使拍摄对象显得更加高大，特别是在拍摄宫殿与庙宇的时候，还能突出地表现出它们的厚重与威严，使用广角镜头或者超广角镜头拍摄会更突出这种效果。当需要展现群体建筑的全景风貌时，则应该寻找一个较高的拍摄位置，以俯拍的高度去表现它们。

测光与曝光：拍摄名胜建筑，在一般情况下，采用平均测光或者中央重点测光方式都可以得到不错的效果。但是当画面中的主要部分为石砌或者大理石的白色时，则应以白色部位作为测光基准，然后视拍照效果给以适当的曝光补偿。

古典建筑多呈对称式结构，拍摄这样的画面可表达优美和谐的意境。为确保画面布局的对称，拍摄时应寻找其中心线的位置，并采用正面拍摄的角度

光圈：F11 快门：1/200s 感光度：ISO100 曝光补偿：0

7.5.2　拍摄古典园林的优雅之美

　　古典园林是名胜建筑中的一朵奇葩，秀丽的山水、典雅的亭桥楼阁，优美而又精巧，引人入胜，犹如一件件精美的艺术品，体现了劳动人民的智慧，成为摄影作品中一个重要的题材。拍摄古典园林，重在体现它们的精美，需要从取景构图、用光曝光、色彩等方面去全面衡量。

　　取景构图：在园林摄影中，为了正面表现景观的完美，在拍摄高度上往往会采用平拍的表现手法，而在拍摄方向上，选择斜侧方向会使得画面更加有韵味。把拍摄对象放在黄金分割点的位置上，并妥善处理好主体与陪体的关系，可以使画面趋于和谐与均衡，画面效果会更加美丽。在取景构图时，除了考虑画面的和谐与均衡之外，把握好色彩的基调和对色彩的运用同样非常重要。

　　用光与测光：顺光有利于渲染景观优雅秀丽的特色，而侧光由于有着明显的亮度对比和立体感的造型效果，可以使我们从细微之处刻画景观的层次细节。在具体的拍摄实践中，应根据构思与创意的需要去斟酌用光效果。

　　当画面亮度没有强烈的反差时，特别是在晴好的天气下拍摄时，平均测光即可解决问题，必要时可采用中央重点测光。如果画面中的景观存在着明显的色彩与亮度的差异，在拍摄完成之后，应根据实际拍摄效果去修正曝光。

把握好用光和色彩的运用很重要。当太阳光位较低时，通过寻找拍摄位置，将亮区放在最重要的画面内容上，形成鲜明的影调对比，为雅致的古典园林景观添上一笔亮丽

📷 光圈：F11　快门：1/400s
　　感光度：ISO100　曝光补偿：0

7.6 拍摄日出日落

美丽的夕阳或者日出景色，仅在日落日出前后短短不到20分钟内出现，此时绝佳的色温，配合适当的云彩与地形，是摄影师和摄影爱好者的最爱。

1. 选择拍摄时间

日出日落的时间性很强，不同季节、不同时间段的表现都不一样。从季节方面来看，拍摄日出和日落的最佳季节是春、秋两季，云层较多，比较容易遇到"彩霞满天"的情景。日出日落的具体时间还因地域和天气状况的不同而不同，在拍摄之前，应该通过气象台、天气预报或者其他资料来源进行了解，这样可以少走很多弯路。

拍摄日出，应该从太阳尚未升起，天空开始出现彩霞的时候就开始拍摄；拍摄日落，则应该从太阳光开始减弱，周边天空或者云彩开始出现红色或者黄色的晚霞时开始拍摄。在此期间，太阳光线的颜色和照射的强弱程度变化会很快，理想的构图、理想的色彩、太阳所处的理想位置稍纵即逝。在此过程中，一定要目不转睛地观察其变化，不失时机地按下快门。

2. 准确测光

① 拍摄日出日落时的剪影效果，可直接按画面中的最亮部位测光。

② 拍摄带有抽象风格的日出或日落作品时，应该以最亮部位作为测光的依据。

③ 拍摄以云彩、霞光为主的日出或日落作品，测光应以天空为主，排除强烈的太阳光的干扰。

④ 拍摄日出日落时的水面景色，可以水面亮度为准来进行曝光。

拍摄日出日落的景色，首先在于拍摄时间的选择，太阳的位置、天边云霞的分布，都直接影响着摄影的构思与拍摄效果

光圈：F11 快门：1/800s 感光度：ISO100 曝光补偿：0

7.6.1　拍摄漂亮的剪影

拍摄剪影效果，由于画面中存在着极大的反差，应该选用点测光方式对准画面中的亮部进行测光，这样做，亮部一定会有足够的层次细节，而景物则呈现出浓黑的剪影状态。如果希望适当地提亮地面景物的亮度，可在测光的基础上将相机曝光模式改为手动，然后增加半挡至1挡的曝光，也可以保持自动曝光模式，以曝光补偿的形式增加曝光。

拍摄剪影时可以大胆地尝试将太阳的耀斑作为构图的重要成分拍进画面，你的作品将会因此而独具魅力。

拍摄剪影效果的要点是将亮区作为测光的基准。如果亮区面积很小，可使用点测光模式-如果亮区面积较大，可以采用局部测光模式。测定曝光数据以后应根据自己所希望得到的地面景观的亮度适当地增加曝光

光圈：F11　快门：1/400s　感光度：ISO100　曝光补偿：0

7.6.2　拍摄美丽的云霞

清晨或傍晚的云霞，有着不同的形状，有的呈朵状，有的呈鱼鳞状，还有片云、水波云、长云或卷状云等，而且每时每刻都在发生着变化。

无论朝霞还是晚霞，出现的时间都较短，一般只有20分钟至30分钟，而且在这段时间里，太阳在逐渐地升起或落下，云霞的形状也在不断地变换，稍纵即逝，因此在拍摄时一定要提前赶到拍摄地点，在霞光出现之前做好拍摄位置的选择、画面构图的基本思路、相机的基本设置等准备工作，待云霞出现时抓紧时机拍摄，不要留下遗憾。

将红日或云霞作为拍摄对象时，多处于逆光条件，天空与地面景物之间的反差较大，拍摄时应以亮部为测光基准，在此基础上，为了使地面景物有一定的层次，可以适当地增加曝光，但尽量不要使亮部损失过多细节。另外，朝霞出现以后随着太阳的升腾会越变越亮，天空越来越蓝，而晚霞则随着日落的进度会越变越暗，天色也会逐渐地暗下来，因此在拍摄过程中要及时调整曝光组合。

云霞是流动着的，并在流动中发生着形态上的变化，其颜色也随着与太阳的距离而发生变化。这就需要摄影者仔细观察云霞的变化，并时刻准备，当出现理想的画面时立即按下快门。时机稍纵即逝，不可掉以轻心

光圈：F11 快门：1/400s 感光度：ISO100 曝光补偿：0

7.7 拍摄夜景

拍摄夜景的难度稍大一些，要把握好测光与长时间曝光这个基本点。

1. 要确保相机的稳定

拍摄夜景，经常会用到较慢的快门速度，有时曝光时间可能会延长至1/15秒甚至更长的时间。所以，保持相机的稳定是我们首先要注意的问题。外出拍摄时带上三脚架是最好的选择。

2. 提高相机的感光度

提高相机感光度可以使我们使用较快的快门速度，一般情况下，只要相机的感光度不超过ISO800，拍出照片的清晰度都不会受到明显的影响。需要注意的是，如果没有特殊的需要，不要选择更高的感光度，否则，会使照片产生噪点，影响画面质量。

3. 准备一只广角镜头

拍摄城市夜景的时候，比如高楼大厦、店铺橱窗或立交桥等，经常会遇到近距离拍摄的问题，在

这种情况下，有一只广角镜头或者广角变焦范围在28mm的变焦镜头，会使我们得到更大的拍摄范围。如果再有一只超广角镜头，更会使我们的拍摄过程变得非常惬意。

4．根据光源色温及时调整相机白平衡的设定

夜晚的城市、街道等多是由白炽灯、荧光灯和水银灯等不同色温的人工光源混合照明，而店铺橱窗、匾牌等的光源更是五花八门，由于其色温不同，会给画面的色调带来很大的影响，尤其是不同色温的光源处于同一画面之中的时候，就更难以获得理想的色调拍摄城市夜景灯光，此时最好将白平衡改为手动，根据光源色温据实设定。

7.7.1　拍摄入夜之际的万家灯火

当城市进入夜晚之后，万家灯火交相辉映，我们的镜头里又是一番美丽的景色。在城市夜景中，灯光是主要光源，也是画面造型的重要成分，有了它们，我们的摄影作品会更明亮、更清晰、更漂亮。

1．测光与曝光

拍摄城市夜景中的万家灯火，其景别往往会是远景，灯光很多但是光点很小，宜以深暗色调的夜空为背景来衬托它们的明亮。为此，测光方式应首选点测光。在测定曝光数据的基础上，可根据创作的需要，通过相机曝光补偿的功能适当增加曝光，也可以在手动曝光模式下手动增加曝光。

2．曝光模式与镜头选择

拍摄远景风光，远景近景都应该很清晰，所以曝光模式应选择光圈优先，并把光圈设定在一个较小的挡位上。可根据拍摄需要选择镜头，场面过大且拍摄距离较近时，只有广角镜头才能胜任，远距离拍摄灯火辉煌的单体建筑物时，可用长焦镜头拉近拍摄并取舍、构图。

保持相机的稳定是拍摄夜景时需要注意的问题，相机不稳就会造成影像模糊，构图、用光等方面再好也就没有意义了

光圈：F11　快门：1s　感光度：ISO100　曝光补偿：0

7.7.2 拍摄夜色中的彩虹之桥

拍摄夜幕中的大桥，应首先考虑测光与曝光的准确性。被灯光所照亮的部位应作为测光的重点，以保证其应有的层次和细节。如果亮部在画面中所占面积较小，可采用点测光的方式，在测定曝光数据之后，根据拍摄需要适当地增减曝光。

1. 凸显大桥雄伟身姿

由于大桥的桥体过于庞大，拍摄时宜选用广角镜头，以其宽广的视角来表现大桥的全貌，构造空间深度，渲染宏伟气氛，如果使用超广角镜头拍摄，画面效果会更具视觉冲击力。

2. 刻意营造画面的色彩基调

可以通过调低色温来突出画面的红黄成分，彰显其彩霞之下的美丽；而调高色温，则可强调夜幕中的蓝色成分，突出其夜色的雍容。

城市中的立交桥造型很美，进入灯火通明的夜晚以后更加迷人

光圈：F11 快门：2s 感光度：ISO100 曝光补偿：0

7.7.3 慢速快门捕捉车灯轨迹

放眼夜色中的城市街道、桥梁，车水马龙，五光十色，令人心动。当我们选中光圈优先曝光模式的时候，目的是控制画面的景深范围，而当我们把曝光模式调整为快门优先，并故意地放慢快门速度时，例如把快门速度调在8秒、16秒之后会出现什么情况呢？你会看到，车流不见了，取而代之的是它们运行所留下的美丽的灯光轨迹，快门速度越慢，灯光轨迹效果越突出。

1. 关于慢速快门的使用

拍摄车流灯光轨迹，因为选择了很慢的快门速度，光圈也已经收至很小，所以一般无须担心景深的问题。在快门优先自动曝光模式下，如果光圈收至最小仍然达不到自己所希望的快门速度，可通过降低相机感光度来进一步放慢快门速度。将相机设置为手动曝光模式，将光圈收至很小，然后打开相机B门，相机的曝光时间就完全可以由拍摄者自己操控，可在一组车流将要通过之时按下快门，待车流通过以后及时关闭快门。

2. 选择一个理想的拍摄位置

拍摄车流的灯光轨迹，还需要一个理想的拍摄位置。例如，寻找一个较高的拍摄位置，有利于拍摄街道或桥梁上车流的全景，而选择在道路旁边的时候，则适宜平行地拍摄车流。

3. 聚焦点的选择

如果车流从相机前横向通过，把聚焦点放在车流经过的位置即可，如果车流呈纵向或者斜向运行，则应把聚焦点放在车流由近及远的1/3左右的位置。

4. 注意倒易率失效问题

在选用慢速快门时，在曝光问题上有一点要特别注意。这就是慢速快门的挡位级差之间，尤其是在快门速度低于1秒时，其曝光时间的差别很大，这就是人们所说的倒易率失效。因此，在使用慢速快门拍摄时，要通过相机背后的液晶屏幕和相机上的直方图去认真地分析曝光效果，以便及时修正。众多的拍摄实践经验告诉我们，当使用低于1秒的快门速度拍摄时，往往需要我们增加曝光量。快门速度越慢，需要增加的曝光量越大，一般在1挡～3挡之间。

拍摄车流灯光的美丽轨迹，快门速度一般应设置在15秒以上，快门速度越慢，灯光轨迹的效果就越明显
📷 光圈：F11 快门：6s 感光度：ISO100 曝光补偿：0

7.7.4 拍摄宁静的夜色

拍摄宁静的夜色，首先还是要解决测光问题。当画面中的反差过大且明亮成分较小时，应以点测光方式对准明亮的部位测光，而当画面反差较小且亮度分布比较均匀时，采用中央重点测光方式即可得到满意的效果。表现夜色的宁静时，应以偏蓝色的色调作为作品的色彩基调，并通过对白平衡的设置来强化蓝色成分。而当需要表现宁静中的温暖特别是寒冬之夜的温暖时，则应强调画面中的红、黄成分，以暖调渲染温暖的气氛。

宁静的夜色还需要较大的景深来衬托，远景和近景同样清晰时，也会有力地烘托宁静的气氛。所以，宜采用光圈优先曝光模式，并将光圈设定在一个较小的数值，在此基础上进行测光和拍摄。

宁静夜色中的景观灯火很少，作为画面重点的亮区往往会占据画面很少的位置，这时应用点测光模式以亮部为基准进行测光，以确保其层次细节

📷 光圈：F11 快门：1s 感光度：ISO100 曝光补偿：0

7.8　拍摄雨雾冰雪

雨雾冰雪是风光摄影中一个颇具挑战性的拍摄题材，透过镜头，你会看到大自然赠予我们作品的奇异之美。拍摄雨雾冰雪中的风光，相对于晴好天气来说，具有一定的难度，但正因其难，才能使我们的摄影技术得到进一步提高。

7.8.1　拍摄美丽的雨景

雨景的拍摄对象是雨天，但是，这普普通通的雨天却有着很多的拍摄题材，例如下雨前的阴云密布、雨中的电闪雷鸣、雨中的万千气象和雨后初晴的清新之美。我们说雨景美丽，关键在于摄影者要独具慧眼，从中发现美。相对于晴好天气下的风光，拍摄雨景有一定的难度。其实，摄影作为用光的艺术，关键在于把握好测光与用光，只要把握好了测光方式的选择和对光圈与快门的合理配置，就能得到曝光准确的照片。

阴云密布下的光线通常都会比较暗淡，且阴云密布的天空中亮暗分布随着云层的移动在不断地发生着变化，地面景观颜色和亮度也各不相同。因此，光线条件十分复杂，对测光与曝光问题必须格外重视

📷 光圈：F11 快门：1/60s 感光度：ISO100 曝光补偿：0

7.8.2　留住闪电迷人的身影

　　闪电的特性是瞬间绽放，稍纵即逝，且没有规律。所以，不能像拍摄普通夜景那样选择一个自动曝光模式或者相机预置的夜景模式去完成拍摄，而是需要我们开启相机B门或者长时间曝光模式，就像猎手一样时刻做好捕捉瞬间的准备，将瞬间出现的闪电尽揽于相机之中。

　　尽管相机在B门状态或者长时间曝光状态，但闪电拍摄成功与否，同样取决于曝光量的大小。对曝光量的控制主要取决于对光圈的设置，而设置光圈值的依据则是闪电出现的距离与强度。一般来说，如果使用ISO 100的感光度，拍摄大约8千米远的闪电，可选择F8的光圈值，如果闪电是在8千米以外发生的，则使用F5.6的光圈值比较合适，如果接近5千米，可使用F11。

拍摄闪电的要点是根据闪电的距离和强度确定光圈大小，以慢速快门等待闪电出现

光圈：F11　快门：6s　感光度：ISO100　曝光补偿：0

7.8.3　拍摄雨后彩虹

　　雨后刚转晴时天空出现的彩虹，由于空气的清新、景观的映衬，会显得更加鲜艳美丽。

1．拍摄位置

　　彩虹经常出现在空气中有水滴，阳光在我们背后以低角度照射的时候。所以，拍摄彩虹的最佳位置应该是背向太阳，以顺光观察并拍摄。

2．测光与曝光

由于彩虹在画面中所占的面积很小，宜采用点测光模式并以彩虹的亮度为基准进行测光，其他的测光模式很容易造成测光与曝光的失误。较少的曝光容易获得更饱和的色彩，会使彩虹更加艳丽。在获得正确的曝光以后，可以尝试着减少半挡到1挡的曝光再拍摄一次，以获取更为理想的曝光效果。另外，彩虹的色彩和亮度的变化很快，时隐时现，时亮时暗，且呈现时间不长。拍照时，应使用相机的包围曝光功能以不同的曝光值一次连拍3～5张，以从中选优。

3．精心选择背景

选择背景的目的是通过画面的明暗对比和色彩对比来突出彩虹的艳丽，例如蓝天、大海或者能与彩虹形成鲜明色彩对比的地面景物等。

4．展示彩虹精美的弧线

美丽的彩虹不但有着鲜艳的色彩，而且还以其华丽的弧度，向人们展示着它独特的魅力。在拍摄的实践中，巧妙地安排好弧线的位置，并使之与地面景物实现情与景的完美交融，是拍摄彩虹的至高境界。拍照时，应用心分析彩虹与地面景物的位置、关系，以创意与构思为主旨，巧妙组合画面元素，以拍出不同凡响的佳作。

拍摄雨后彩虹首先是选择最易表现彩虹的角度，并使用包围曝光模式多拍几张

光圈：F11 快门：1/200s 感光度：ISO100 曝光补偿：0

7.8.4　拍摄雾天里的朦胧之美

雾天看风景，那种变幻莫测的梦幻般的感觉，那种给人以无限想象力的朦胧空间，是其他任何光线条件都不能比拟的。

拍摄雾景，关键在于把握好前景的处理和空气透视原理的运用及曝光、色温等问题，并选择较暗的景物做前景。在大雾弥漫的天气条件下，由于雾气的覆盖，画面的反差极弱。尤其是远处的景物会逐渐消失于大雾之中，相比之下，近处景物的色彩饱和度和明暗对比程度较高。选择颜色鲜艳的景物做前景，会有效地提亮画面的明暗对比，同时，还会使画面显得有深度。

拍摄雾景时，前景非常重要，深色而又清晰的前景不仅可以提升画面反差，而且有益于表现空间深度

📷 光圈：F11　快门：1/200s　感光度：ISO100　曝光补偿：0

7.8.5　拍摄美丽壮观的雪景

拍摄雪景，特别是拍摄飞花飘舞的雪景，重在表现雪花的形态。在具体的拍摄中，需要注意的问题主要有4个方面：一是背景的选用，二是快门速度，三是曝光补偿，四是白平衡。与此同时，在下雪天外拍，相机的安全问题也非常重要。

1.　选择颜色比较深暗的背景

下雪天拍摄雪景，所表现的是轻舞飞扬中的雪花，而由于雪花的细小，极容易被淹没于漫天皆白的背景之中。为了突出地表现雪势，背景以深暗为好，可以清晰地记录下它们的形态和飘落的轨迹。背景的选择，在拍摄极为细小的雪花时尤其有用。

2. 快门速度

拍摄飞雪的形态，关键在于对快门速度的设置。速度不宜过高，一般用1/30秒或1/15秒为好。速度过快，细小的雪花在画面上仅仅留下无数的小白点，如果拍摄较大的场景，它们会被淹没于景色之中，而速度过慢，雪片被拉成长长的白线，也难以获得理想的效果。同时，拍摄雪花的形态时，还要考虑两个因素：一是看雪片的大小，二是看它们飘落的速度。一般情况下，选用1/60秒及更快的快门速度，可以清晰地刻画雪花的形状细节，而1/30秒或者1/15秒的快门速度即可增强雪花纷纷扬扬的态势，并将其虚化，如果继续放慢快门速度，雪花虚化的程度会更强，画面上只有它们划过的雪白的线条。

3. 准确还原色彩

拍摄白雪，除非是出于特殊的创意需要，否则，应该正确地还原景物色彩，正确地表现白雪之白。在拍摄完成之后，应及时检验色彩效果，发现偏差时，应通过调整白平衡来解决。

4. 确保相机安全

拍摄飞雪，一定要注意不要让雪花落在镜头上造成局部模糊，并造成对镜头的损坏。在拍摄现场如有能够掩蔽的场所最好能够躲进其中进行拍摄，如果没有可以掩蔽的场所，那就用雨伞、雨衣等物品将相机遮挡起来。总之，要注意对镜头的保护。

雪景，并不只是洁白的颜色。只要我们仔细观察雪景的色调，就会发现，随着时间、光源色温和环境的变化，它们也会有不同的变化。在清晨和黄昏时候的雪后初晴，阳光是红紫色的，这种低角度的暖色调光线，投射在冷调的雪面上，白雪也会呈现出暖色调，给严寒的冬天带来一片暖意

光圈：F11 快门：1/100s 感光度：ISO100 曝光补偿：0

7.8.6　拍摄千姿百态的冰景

在美妙的雪景风光中，还有一道奇异的风景，那就是千姿百态的冰景。受季节、气候、地域环境的影响，它们不但形态各异，其抽象的姿态同样迷人。

拍摄冰景，在测光与曝光上应以冰为测光的基准，并力求准确地还原色彩。拍摄冰层之下的水流时选用不同的快门速度会得到不同的画面效果。低速快门可使水流如梦幻般奔腾。

使用长焦镜头甚至微距镜头去拍摄冰层的局部特写，可以精细地展现它们美妙的姿容。用心观察，更能拍下它们抽象般的效果，令人回味无穷。

仔细地观察冰层，你会发现它们抽象化的美丽

光圈：F11　快门：1/200s　感光度：ISO100　曝光补偿：0

实训：
主题摄影

Chapter 8　其他摄影题材

在读者已经牢固掌握人像、风光两大类摄影题材的基础上，本章进一步讲解新闻摄影、体育摄影、舞台摄影、静物摄影、广告摄影、花卉摄影等常用题材的不同特点，在拍摄时需要注意的问题及具体的拍摄方法，通过对本章的学习，全面掌握各类题材的拍摄需求。

能力与素质目标

8.1 新闻摄影

新闻摄影是运用摄影手段，记录正在发生的、具有报道价值的新闻事实，并结合一定的文字说明来进行表现的一种摄影题材。

拓展阅读：
新闻摄影
背后的故事

8.1.1 新闻摄影的基本原则

新闻摄影的基本原则，既是新闻摄影的指导思想，又是新闻摄影的内容与形式的具体规定。

1. 以真人真事为拍摄对象

真实是新闻的生命。新闻报道，必须准确地反映客观事实。艺术摄影可以通过虚构去表现生活，而新闻摄影则只能拍摄那些在现实生活中真正发生的事情。在具体的拍摄工作中必须注意：不能捏造事实、不要为拍照片弄虚作假；不能歪曲事实、不要以偏盖全地片面报道；不要"眼见为实"地把现象当成本质，不做调查研究，仅凭主观臆断。

2. 新闻价值决定拍摄内容

不是所有的真人真事都可以成为新闻摄影的拍摄对象。我们所要拍摄报道的，必须是具有新闻价值的真人真事。新闻价值指的是社会对该新闻事实需要的程度。一件事实能不能成为新闻，值不值得去拍摄可以从以下几方面进行判断。

重要性：事实影响范围大、意义大。

接近性：与社会公众切身利益相关的、发生在他们身边的事。如房屋拆迁、水电建设等。

新鲜度：社会生活中的新现象、新问题。

趣味性：事实奇特、有情趣。

3. 形象价值决定瞬间选择

我们所拍摄的事实，是事物运动、发展中的一个过程，在这个过程中，会有无数个瞬间。不同的瞬间具有不同的视觉形式与内涵。首先，要选择那些能明确揭示事实真实面貌的瞬间，通过这个瞬间形象，可以了解到事实的本质，而不会产生歧义；其次，这个瞬间形象必须具有生动的视觉印象，能一下子抓住读者的视线，使之受到情绪上的感染，产生心灵上的共鸣。概括地讲，瞬间选择的标准一是明确，二是生动，我们通常称这样的瞬间为"典型瞬间"。

4. 抓拍

新闻摄影必须抓拍，摄影记者在拍摄过程中不能对正在发生的事件加以任何干预，只能进行选择性地客观记录。抓拍是"按照事物本来面目进行反映"，既有利于维护真实性，又能以浓郁的现场气氛给人身临其境的感觉。

5. 新闻照片必须为摄影画面配置文字说明

因为拍摄的照片只是新闻事实中的一个或几个瞬间，它无法展示事实的整体，也无法提供事实的前因后果等背景材料，仅靠拍摄的画面，难以完成真正意义上的新闻报道。所以，新闻照片应通过文字说明来健全新闻要素——时间、地点、人物、事实、原因、经过。画面加上文字后，新闻信息就交代得充分完整了，报道的内容和意义也就十分明确了。

8.1.2　新闻摄影的曝光技术

新闻摄影常常面临种种复杂的光线条件，因此，摄影记者必须具备能在任何光线条件下进行准确曝光的技术。具体可以从以下几点着手。

①　以主体亮度为曝光标准，主体即摄影画面的主要形象，是新闻摄影的表现重点。正确曝光，最终体现在对主体亮度的准确判断上。

②　在清晨、黄昏、室内及其他一些光线较暗的情况下，由于人眼视觉产生的误差，往往会对曝光估计不足，不妨在自动测光的基础上加1～1.5挡曝光补偿。

③　在光线条件比较复杂的新闻现场拍摄时，为了确保得到正确的曝光，可采用包围曝光的方法以正负曝光补偿的方法连拍数张，拍摄完成以后从中选优。

8.1.3　新闻摄影的抓拍技巧

抓拍是新闻摄影的一项基本原则，也是摄影记者必须具备的基本功。

抓拍的基本特征是"不干预"和"选择记录"。在拍摄过程中，摄影记者必须紧紧追随被摄事物，在事态的发展过程中，选择最具意义的瞬间形象。谁也无法预知事件的发展趋势，以及最佳瞬间到来的时间，记者稍不留神或动作太慢，就会错失精彩瞬间。因此，摄影记者必须掌握快速聚焦、快速构图等基本技术，必须做到脑、眼和手的完美配合。

新闻的生命在于真实，应采用抓拍的手法进行客观地记录，撷取最有代表性的典型瞬间

光圈：F8 快门：1/400s 感光度：ISO100 曝光补偿：0

1.摄影观察

摄影观察是摄影记者在采访中，洞察事物的本质及其形象运动规律的手段。除了"眼看"之外，还须用"脑想"，应该把深刻的理性思考、敏锐的直觉和丰富的感情因素，融入观察中去。用布勒松的话来说："当我的右眼向外张望时，我的左眼就向心中回视。"

2.准与快

抓拍要求"想到、看到、抓到"。摄影观察中的"想"与"看"，都是为了最后的"抓"。"想"、"看"、"抓"这三者实际上是紧密联系在一起的，它们的共同要求就是"准"与"快"。

抓拍的关键在于紧紧追随被摄事物，选择最具意义的瞬间形象，快速聚焦、快速构图，实现脑、眼和手的完美配合
光圈：F1.8 快门：1/400s 感光度：ISO100 曝光补偿：0

8.1.4 新闻采访

摄影记者为拍摄新闻照片而进行的调查、寻访与拍摄活动，称为摄影采访。不同的新闻事实，采访的方式也不同。

1.预期事件摄影

事件的发展变化按一定的程序进行，能预先知道事件发生的时间、地点、主要人物、活动内容及活动进行的方式。如重要的会议、某些重要的纪念活动、群众集会、体育比赛及文艺活动。

预期事件的采访拍摄，记者事先可以对事件的背景、过程、意义等有较为充裕的时间进行了解，以便做好周密的设想与计划。现场拍摄时，摄影记者必须把握住事件进行过程中的关键性情景及瞬间，如仪式剪彩、宾主握手、谈判中的交换文书、体育比赛中的运动高潮……除常规拍摄内容外，摄影记者还必须时刻保持高度的警觉，对随时可能出现的意外情节做出反应，快捷地抓住事件过程中的一些插曲、花絮，如运动员在比赛过程中出现的意外事故，这些变化与插曲，常常使预期事件出现戏剧性的转折，具有特别的意义与价值，瞬间形象也比常规事件生动。

2. 突发事件摄影

突发事件，即无法预知的、突然发生的事件，如地震、火灾、交通事故、政治风波和生活冲突等。突发事件常常是自然、社会等各种矛盾的突然爆发。这些事件影响了社会生活的正常秩序，因此，具有较大的新闻价值。

因事件的突如其来，现场混乱复杂，故对突发事件的采访拍摄具有相当的难度。首先，摄影记者必须能及时赶到现场。突发事件有"可遇不可求"的偶然性。所以，摄影记者必须常备不懈，在任何时候都保持自己的职业警惕与职业敏感。有了准备，才可能有快捷的反应。

作为一名摄影记者，为了能够及时抓突发性事件，应使照相机始终处于待命状态，只要举起照相机一按快门，就可准确无误完成影像的捕捉。在突发事件中，摄影记者应做到处乱不惊、沉着应变，保持清醒、镇静，不被现场的混乱影响；冷静地观察眼前的情况，对事件的现状与趋势做出判断与预见。

3. 非时间性新闻

预期事件和突发事件都是事件性新闻，非事件性新闻是与事件性新闻相对的一个概念。非事件性新闻是已存在着的、缓慢发展变化的或重复出现的事物；是日常的、平凡的，甚至是司空见惯的事物；是时效性较差的事物。非事件性新闻涉及老百姓的衣食住行、普通人的喜怒哀乐、日常的趣闻轶事、城乡的民俗风情。这些凡人小事与广大群众密切相关，更能引起民众的兴趣。从题材上看，非事件性新闻都是些小题材。但只要从大处着眼，小题材也可以引发深层的思考，小题材也能反映社会的变迁，小题材也有大意义。

4. 街头摄影

与预期事件、突发性事件摄影形成鲜明对照的一种较为自由、灵活的摄影采访方式，是街头摄影。摄影记者以街头巷尾作为拍摄场所，无固定主题，无固定对象，随机寻找拍摄题材。城市的广场、公园、马路，乡镇的集市、街巷，常常是社会生活最丰富的舞台，从中可以观察到社会生活各个层面，观察到社会潮流的动向，以及人们观念与心态的变化。这些地方是新闻摄影的极好场地。

街头的人和事始终处于流动变化中，景象散杂无序，摄影记者必须凭借对社会生活、人情世态的敏锐观察，从纷繁复杂的生活景象中捕捉一些人们熟视无睹，但却具有一定意义的精彩瞬间，来揭示社会生活中人和人之间关系，以及现实生活发展、变化趋势。街头抓拍照片有浓郁的生活气息，画面生动活泼、富有情趣，深受人们的喜爱。

8.2 体育摄影

体育摄影是将运动的美凝聚于永恒的瞬间，是一种极具魅力和富有挑战性的题材。

8.2.1 体育摄影中确定快门速度的4个依据

一幅体育照片拍摄得成功与否，快门速度往往是关键。因为被摄体是运动着的，有时甚至是高速运动着的。所以，确定一个能够将动体影像凝固于画面之中，即将运动着的对象拍清楚的快门速度是非常必要的。

1. 被拍摄对象的运动速度

使用ISO100的感光度时，对以2米/秒速度运动的项目（如竞走、太极拳、老年秧歌和交际舞等），可用1/60秒的快门速度；以8米/秒速度运动的体育项目（如自行车、赛跑和球类等）可用1/125秒的快门速度；以16米/秒左右运动的项目（如赛马、射门、跳远和跳水等）可用1/250秒的快门速度；而赛车等高速运动项目则要用1/500秒以上的快门速度才行。

2. 拍摄距离

摄距近，快门应调快；摄距远，快门速度可相应调慢。如拍摄赛跑，如果与运动员的距离为3米，用1/250秒的快门速度，摄距为6米，就要改用1/125秒的快门速度，摄距再远至12米，就可用1/60秒的快门速度了。摄距近一半，快门速度必须提高一级；摄距远一倍，快门速度可放慢一级。这是因为动体距相机越近，在照相机的取景器中也移动得越快；越远则相对移动越慢。

拍摄体育比赛项目，首先需要设定一个足够快的快门速度，以便将运动中的拍摄对象清晰地凝固于画面之中

📷 光圈：F5.6 快门：1/1600s 感光度：ISO100 曝光补偿：0

3．动体运动的方向

被摄对象的运动方向不同，所用快门速度也有高低之别。如距离为15米的情况下，拍摄方向与运动方向夹角为0度时（迎着镜头往返），拍摄赛跑可用1/60秒的快门速度，夹角为45度时（斜着镜头通过画面），要用1/125秒的快门速度，夹角为90度时（横穿过镜头），就要用1/250秒的快门速度了。

4．镜头焦距的长短

拍摄运动物体的镜头焦距越长，使用的快门速度也要相应提高；如用短焦距镜头拍摄，快门速度可相应放慢。在同一距离拍摄，镜头越长，影像越大，影像的位移相对也越大。

以上4个因素在体育摄影中是相互关联的，但总的来说，就是动体在镜头像场中的移动距离与像场宽度的比例。在图像传感器上所形成的影像位移大，则速度就显得快。动体本身的运动速度、拍摄距离的远近、动体运动的方向，以及镜头焦距的长短都与图像传感器上所形成的影像位移的大小有关。

确定合理的快门速度，需要考虑4个因素，即被拍摄对象的运动速度、拍摄距离、动体运动的方向和镜头焦距的长短

光圈：F5.6 快门：1/200s 感光度：ISO400 曝光补偿：0

8.2.2　追随法与变焦法

体育摄影不仅仅是将动体拍"清楚"，很多时候是要将其拍"动"，具有真实的动感。这里所说的拍"动"是指以局部的模糊影像增加画面的动感。要做到这一点，关键还是在快门的运用上。使用相对慢一些的快门速度，配合拍摄时照相机的移动，就能拍摄出动感强烈的体育照片，这就是"追随法"和"变焦法"。

追随法是在拍摄动体的过程中，镜头始终追随动体移动。追随法要用较慢的快门速度。如果拍的是赛跑，奔跑着的运动员是清晰的，而背景是模糊的，符合人们的视觉感受。采用追随法，快门速度要改为1/60秒或1/30秒，快门速度越慢，运动员的动感就被表现得越强烈。

采用追随法必须注意以下事项：

① 拍摄姿势要正确。两腿分开站稳，持稳照相机，拍摄时照相机随身体同时转动。

② 要在拍摄方向与运动方向夹角为75度~90度左右时拍摄。

③ 背景要有光斑，以形成表示动感的线条。

④ 动体前方要留有空间。

追随法的拍摄要诀是在拍摄动体的过程中，镜头始终追随动体移动，快门速度越慢，运动员的动感就被表现得越强烈

光圈：F8　快门：1/800s　感光度：ISO100　曝光补偿：0

变焦法难度较大，须使用变焦镜头拍摄，在按动快门的瞬间迅速转动变焦环，在变焦的同时曝光。快门速度用1/30秒为宜，被摄动体最好在画面正中，所占面积宜小不宜大，背景光斑越多越好，拍摄时，相机的镜头光轴与被摄体应在同一直线上。要注意，动体如迎面而来是由小变大，变焦必须从长焦推向短焦；如动体背你而去，就要从短焦拉向长焦。用变焦法拍摄的画面效果呈"爆炸"状，背景上的光斑拉长成了放射形线条，其速度就显现出来了。

变焦法的拍摄要诀是使用变焦镜头拍摄，在按动快门的瞬间迅速转动变焦环，在变焦的同时曝光

光圈：F22 快门：1/60s 感光度：ISO100 曝光补偿：0

8.3　舞台摄影

舞台摄影与体育摄影有相似之处，因而体育摄影中的许多方法也适用于舞台摄影，如确定快门速度、对焦等。当然，舞台摄影也有自己的特殊性。

1. 照明

现场光的利用是舞台摄影中的关键。一般情况下，舞台上的灯光都是专门设计的，这就需要我们充分利用它提供的一切光线效果，尽量利用现场光来完成拍摄。任何有悖于舞台灯光效果的尝试都不可取。

2. 色温

这是彩色拍摄中始终要面对的一个问题。舞台人工光照明的色温通常相对较低（3400K左右），如果将白平衡设定为自动或者由于白平衡的设置错误，在拍摄时常常会出现偏色的现象。是否需要校正，要视情况而定。一般可不去管它，因为这是舞台灯光的特色，就像日出和日落时分的偏色一样。

3．闪光灯

舞台摄影要慎用或不用闪光灯。

① 闪光灯会破坏舞台灯光的造型效果，将原本颇佳的气氛搞得面目全非。

② 色温较高，约5400K，而舞台灯光的色温大都在3400K左右，极易产生舞台画面的双色性，看去十分别扭，且无法较色。

③ 灯光会影响表演和观赏，特别是在马戏杂技团演出时，闪光灯的突然照明很容易造成事故。从各方面考虑，舞台不宜用闪光灯拍照。

4．三脚架

舞台摄影中，三脚架是必备的。舞台灯光看起来很亮，其实照度很低，因此常用较慢的速度，三脚架有利于拍摄的稳定。

5．感光度

由于舞台照明常常比较暗淡，在使用低感光度无法满足较快的快门速度时，可以将感光度调高。

舞台摄影由于其场地、照明等条件的不同，在色温、测光与曝光方面也都有着与其他题材不同的要求

光圈：F8 快门：1/400s 感光度：ISO400 曝光补偿：0

8.4 静物摄影

静物摄影一般是指对一些小型静态物品的拍摄，其拍摄重点在于通过恰当地摆布和用光展示对象的特点和赋予对象特殊的象征意味。静物摄影的可塑性非常强，它的许多拍摄手法和构思多被移用到商业广告摄影中。

8.4.1 静物摄影的类型

对静物摄影的分类，通常多依据所构思的画面有无情节来划分。

无情节静物摄影：它在静物摄影中占主导地位，主要表现被摄物体的质感、外形特征和色彩效果，多以精巧的构图和精致的用光取胜。

有情节的静物摄影：它通常由工艺品，如泥塑、陶瓷、绢制的小人物或小动物等，构成一定的故事情节和富有生活气息的画面，借物托志，寓意深刻。

8.4.2 静物摄影的器材要求

静物摄影不受天气、时间、光线的限制，摄影者可以充分发挥想象力，运用力所能及的手段进行拍摄。由于静物摄影通常在比较近的距离拍摄，需要景物有较大的结像，因此，一只长焦距镜头和微距镜头是十分必要的。长焦距镜头有把远处的景物拉近放大的能力，有利于对局部景物的细致描写，而微距镜头超强的近摄能力为我们拍摄那些细小的对象提供了可能。专用微距镜头其设计更注重对平面像场的表现，画面中的中心和边缘之间的影像素质差异较小，同时它的近摄能力更强大，通常其物象比能达到 1:1。静物拍摄由于距离较近，因此一个坚固稳定的三脚架对于静物摄影来说是十分必要的。

微距镜头

8.4.3 静物摄影的布置与构图

在拍摄前要仔细观察被摄物体的特征及相互之间的关系。对于工艺装饰品，主要反映它美观的造型；对于玻璃陶瓷制品，则主要展示它的质地与光泽；对于水果、蔬菜，应展示其色彩与味道。比如一只被切开的脐橙要以鲜艳的色彩、新鲜而饱满的橙粒引发观众对其味道的联想。布置时，首先要将主要物品放在适当的背景前面，背景可用纺织品，也可用纸张，背景的色彩应该有利于静物的表现。背景材料要干净、平整、无反光。放置好主体后，其他物品再一件件配置上去，要注意物品间相互的呼应、协调和统一。

1
2
3
4
5
6
7
8
9

　　静物摄影的构图要简洁明了，物品在两件以上的要突出主体，相互照应。不要把主体置于画面的中央，以免画面显得呆板，主体也不能与其他物体混在一起，以防主次不分。应运用投影来丰富画面结构，使画面充满活力。

静物摄影的构图应力求简洁，在有多个拍摄对象存在的时候，应精心摆布好相互关系
📷 光圈：F2.8 快门：1/400s 感光度：ISO100 曝光补偿：0

8.4.4　静物摄影的角度与光线运用

　　静物摄影多为近距离拍摄，由于距离较近，主体与陪体又有一定距离，必然会产生景深不足的矛盾。针对这一问题，可将照相机向下稍俯，缩短前后景的距离，用F11或F16的小光圈使之保持一定的景深范围，再采用慢速快门拍摄。不要距离镜头过近，以防物体影像变形。

　　室内静物摄影可以进行人工的安排，布光的效果和光比的控制应当围绕主题的表现来进行，柔和的关系有利于表现对象的细节和传递和谐的气氛，强烈的对比能够造成矛盾或对立的意味。自然光条件下的静物拍摄以柔和的光线为佳，它能够减小光比、消除耀斑、增加色彩饱和度，在日照强烈的情况下，可以用透明的白布或半透明的胶板在被摄对象上面进行遮挡形成散射光，达到柔光的照明效果。也可以用小型反光板，增加暗部景物的亮度，以达到减小光比的目的。

　　静物摄影的主光可以模仿自然光的效果进行布置，布好主光以后，再用辅助光来调整反差。对于体积小的小型物品的照明，需要小束的照明光源。也可用一般的影楼灯加控制光束的挡板来达到所需的效果。

　　表现物体的质感是静物摄影的一大特色，运用不同的照明方法充分展示它们的细腻或粗糙。强烈的光线不可能很好地表现质感，用柔和的光线，安置在45度～135度的适当位置，就可以较好地表现出物体的质感来。

布光的出发点应是创作的主题和表现被拍摄对象的个性特征。拍摄前应用心研究其结构、质地、形态，拍摄完成之后，应认真审视拍摄效果，力求完美

📷 光圈：F8 快门：1/400s 感光度：ISO100 曝光补偿：0

8.5　广告摄影

　　广告摄影是为制作商业广告或公益广告而进行的拍摄活动，是广告宣传中的重要手段。常运用摄影的形式吸引观众。好的广告摄影作品，不仅需要精湛的拍摄技巧，更需要出色的创意和完美的设计。

8.5.1　广告摄影的作用与特征

　　广告摄影只是整个广告工作的一部分。它在明确的市场目标下，起着引人注意、图解广告的作用，最终完成广告推销的任务。由于广告摄影是按广告的整体框架要求进行创作的，因此，无论是在美术设计的指导下进行拍摄，还是在艺术总监认可的情况下进行自由创作，作品都必定具有以下特征：

　　首先是它必须围绕广告的最终目的来设计拍摄方案，在内容表现上常常有一些限定。

　　其次，它传达的信息必须清晰易懂，明确无误，防止误导与偏差。

　　最后，其作品的面世必须通过具体的媒介，如电视或广告牌、样本等，因此，要受到媒介的某些限制，这是拍摄时必须要考虑的。

广告摄影的各种拍摄手段都应围绕总体设计的要求进行

光圈：F8 快门：1/200s 感光度：ISO100 曝光补偿：0

8.5.2　广告摄影的光线运用

广告摄影的光线运用是摄影里最讲究的。不同的光线会产生不同的效果。进行实拍前，先要明确用什么光做主光，作品的特征是由主光体现的。散光灯柔和、分散，被摄物的亮部与阴影都被淡化，界线不明显，有一定的细部影纹；聚光灯光线强烈、集中，被摄物的亮部突出，阴影边界明显，细部影纹很少，可以用一盏小灯在较暗的光线下从不同方向照射被摄体，并仔细分析被摄物亮部与阴影的变化，直到确定最具表现力的位置。

辅光位置要有利于表现细部，体现被摄物的层次感。辅助光可用柔和的散光灯，也可以用反光板。拍摄小件物品还可以用镜子做反光。为避免产生阴影，辅助光灯具尽量靠近镜头的位置。这样，镜头所能看到的部位就自然被均匀照亮。近距摄影时，需要另想办法消除被摄物体的阴影，如一只较大的柔光灯，它的投影几乎看不出来，或者一块较大的反光板，效果也很好。

布光中不可忽略确定合适的光比。遇到反光强烈的物体，可用无光喷雾剂来处理，最常用的办法还是改变光源角度。

拍摄广告摄影作品，主光对于物体的表现起着关键的作用，同时，各种辅助光线的运用同样不可或缺

📷 光圈：F8 快门：1/800s 感光度：ISO100 曝光补偿：0

8.6 花卉摄影

每个季节都有品种丰富的花朵盛开，从阳春三月到数九寒冬，从高山旷野到自家庭院，到处都有花儿点缀着大地。花卉有着丰富的形态和美轮美奂的色彩，无论古今中外，很多领域的艺术都把花视为一种重要的素材，让观者从中得到美的享受。

8.6.1 拍摄时机的掌握

在拍照过程中，经常会有这样的问题出现：什么时候按快门？什么时候能拍得到花儿的最佳状态？这就需要我们综合考虑花期、天气和光线等各种因素。同时，在拍摄前应该了解花儿的特点，把握开花的情况，记住开花期及地点等信息。有些花还受地理条件的限制，如有的只开在湿地或高山等特殊环境。并且不同的花卉有不同的花期，摄影者也要掌握不同花卉的拍摄时机，例如荷花只在夏季才会开放；睡莲只会在早晨太阳出来之后才会开放；牡丹花只在4月份才能一睹它的风采；郁金香和樱花也都在四五月份开放，很多公园或植物园都会有专门的樱花节和郁金香节，摄影者一定要熟悉不同花卉开放的不同时令，这样才能拍摄到种类繁多的花卉。

8.6.2　拍摄花田

以成片的花卉为题材拍摄的照片令人赏心悦目。拍摄花田主要强调的是画面的深远感，最好使用广角镜头，它能表现花丛的广度。拍摄时要注意花田与天空的分界线，有时候画面摄入的天空比较多，画面会显得开阔，有时只拍摄一点点天空或者没有天空，更能突出表现花田，这些都根据实际拍摄情况而定。有些花田颜色鲜艳，品种丰富，这时可以将重点放在表现花田颜色的韵律上。

还可以变换不同的角度拍摄。站在一个制高点俯瞰花田，一片花海显得尤为壮阔；在平视角度拍摄花田，可以显现出花茎的姿态，但这个角度拍出的画面容易显得过于平均；低角度可拍出高而挺拔的花枝，以蓝天为背景画面会很干净；也可以拍些特写，虚化背景突出主题。

花卉摄影——一处五彩缤纷的创作领地，其中蕴育着无限的创意与灵感

📷 光圈：F2.8　快门：1/500s　感光度：ISO100　曝光补偿：0

8.6.3　拍摄林间地带的花卉

在林间拍摄花卉，不需要带远摄镜头，一般树林中视线比较狭窄，远处的景物都被树林遮挡，所以尽可能地拍摄眼前所看到的花卉，用普通焦段变焦镜头即可，也可以再带上一个花卉摄影必不可少的微距镜头。

在林间拍摄花卉，如果是晴天，会有斑驳的光影射下来，这种光线不是很理想，拍摄中景容易显得太乱，尽量拍摄特写。拍摄花卉最好的光线就是散光，在薄云天气下，花色显得沉静，色温更接近于自然色。在夕阳西下时拍摄，树林中透进一些阳光，显得很温暖，利用在树叶缝隙洒下的这些阳光，拍摄进画面，可以增加气氛。

在阳光灿烂的日子拍摄，尽量选择早晨和黄昏进行拍摄

光圈：**F2.8** 快门：**1/800s** 感光度：**ISO100** 曝光补偿：**0**

8.6.4　拍摄室内花卉

靠窗使用室外光线拍摄时，如果窗外阳光是散射进来的，会得到很柔和的效果。如果从窗户外照进来的阳光过于强烈，可白色磨砂窗帘改变光线性质，利用散射光线尽情享受拍摄的乐趣了。

拍摄逆光下的花卉时，需要进行曝光补偿，以使花朵的质感能得到更好地表现。利用室内室外两种以上组合光线拍摄时，要注意平衡室内外光线的色温。可通过调整相机的白平衡设置来得到自己所希望得到的色温。

在室内拍摄花卉，可充分运用其光线柔和的特点，拍摄出唯美作品

光圈：F2.8 快门：1/800s 感光度：ISO100 曝光补偿：0

Chapter 9　数字处理

　　随着现代科技的不断进步，数码相机的发展同样日新月异，而各种数字媒体和数码打印等廉价彩色输出解决方案的出现，更促使数码相机日益普及。用好手中的数码相机，首先需要了解数码相机的工作原理、部件的基本功能并且熟练地运用，这对于我们从事摄影创作是很有必要的。

能力与素质目标

9.1 数字处理系统

信息社会的来临，带来了摄影的巨大革命，同样对于影像后期处理，也带来了革命性的影响。数码摄影比传统摄影所"长"之处在于有丰富的后期处理空间。

9.1.1 影像数字化处理

数字化处理就是利用计算机和图像处理软件对照片进行"电子暗房"处理。数字化处理与传统的暗房加工相比，具有以下特点。

1. 可以在明室加工操作，告别了过去黑暗的暗房

传统的照片加工和特技处理，是在全封闭的暗房中进行的。而数字摄影则是通过计算机对图像进行加工处理，在这里，计算机代替了传统暗房的职能。因而，人们形象地将用于数字处理的计算机称为"电子暗房"。

2. 告别化学冲剂不污染环境

数码照片的获取、处理及输出过程为物理过程，不需要传统银盐感光材料的化学冲洗，因此不会污染环境。从环保的角度看是很有发展前途的。

3. 处理手段多，快捷、精确、无耗

数码照片处理可以在瞬间完成传统加工方法可能需要几天才能完成的加工；还可以模拟传统暗房技术中的特技加工，而且还可以进行许多传统暗房无法完成的特技加工。

4. 可无限地复制和永久保存

数码照片可以以数字文件形式反复地保存，而图像文件的数据不变，复制的图像和色彩与原件完全一样，这在普通感光材料复制中是做不到的。保存在各类存储器上的数字影像文件，只要其存储器未遭破坏，就能永久地保存。

5. 能任意修改和添加文字

在计算机中处理数字图像时，能很方便地在图片的任意位置进行加工处理和添加各种大小的文字。

6. 呈现方式多样，用途广泛

处理过的影像文件不仅可以打印成普通照片，而且可以通过计算机制作网页、印刷品、影像文件等，应用于各个领域。

9.1.2　数字处理系统的组成

　　数字摄影处理系统由图像输入部分、图像处理部分和图像输出部分3部分组成。它们分别承担着影像的录入、加工和打印等工作。录入设备主要有扫描仪、数码相机等；加工设备主要有计算机和图像处理软件等；打印设备主要有各式打印机等。

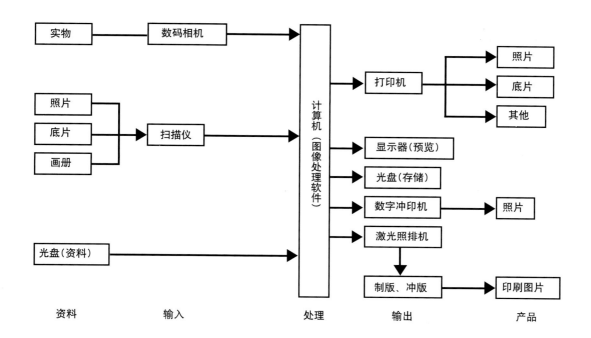

9.2　图像处理软件

　　影像的数字处理是利用安装有图像处理软件的计算机进行的。图像处理软件是计算机处理图像的灵魂，离开了图像处理软件的支持，计算机就不能成为处理数字图像的"电子暗房"。目前处理数字图像的软件很多，各有不同的特点，能满足数字图像处理不同层次的需求。

微课：图像
处理软件
Photoshop

9.2.1　图像处理软件介绍

　　目前用于图像处理的软件种类很多，在这些图像处理软件中处于绝对领先地位的当数Adobe Photoshop，该软件无论是在图像处理还是在出版印刷业中都独占鳌头。作为数码摄影的辅助工具Adobe Photoshop，它是集数字暗房处理、数字图像编辑、扫描修改、合成及高品质分色输出等功能于一体的工具软件。

　　Adobe Photoshop发展到今天，已经更新到CC 2021版本。Photoshop以其简捷的操作、人性化的界面、强大的图像处理能力一举成为当今最优的图形图像处理软件。Photoshop是摄影、印刷动画广告设计等行业的强有力工具。它的出现，不仅使人们告别了对图片进行修正的传统的手工方式，还使人们可以通过想象，创造出现实世界里无法拍摄的图像。对于摄影师来说，Photoshop为图像处理开辟了极富弹性且易于控制的世界，提供了几乎是无限的创作空间。

菜单栏　　文件选项卡　　　　　　　　　　　　　　　面板标题栏

工具属性栏

工具箱

面板

工作窗口

Adobe Photoshop CC 2021工作界面

相比于之前的版本，Adobe Photoshop CC 2021新加入了更多强大且实用的功能。请扫描二维码，学习Photoshop CC 2021的相关知识。

拓展阅读：
Photoshop CC
2021介绍

9.2.2　图像处理软件的基本功能

在数码摄影时代，只有掌握了照片后期处理技术，才能算是对整个数码摄影流程拥有完全的主动权。通过对照片进行后期处理，可以挖掘照片的潜质，全面提升照片的品质。此外，还可以通过拍摄与后期处理相结合，拓展镜头的视角，突破光影的极限，打造经典的照片特效，对照片进行深度的艺术加工，从而赋予照片第二次生命。

照片的后期处理涉及的内容很广泛，只有全面了解照片的特性，才能合理地提出改进方案，同时还要熟练运用照片处理软件。

Photoshop软件的图像处理功能很多，我们可以归纳为三大基本功能，即修饰调整功能、特殊效果功能和组合功能。

1．修饰调整功能

对有缺陷的作品进行调整上色。对色彩不均衡，亮度、饱和度不适中的图片进行修正，对扫描仪扫描出来的照片进行调整，使其接近照片本身。以上操作，能够让一些本来会被抛弃的摄影作品重新焕发生机，使一些老照片得以恢复本来面貌。几乎每一幅作品的制作都有这个步骤。

2．特殊效果功能

利用数字图像处理方式可以轻而易举地得到传统摄影要加用特殊效果镜，或通过暗室特技制作才能得到的特殊画面效果。数字图像的特殊画面效果主要分为3类，即图像变形、特技拍摄和暗房特技等。下面分别介绍。

图像变形：图像变形的效果有多种，如透视变形是模拟长焦镜头和广角镜头的变形效果，还可以将图像进行扭曲变形等。

① 透视变形：使画面产生近大远小的广角透视变形效果或产生空间被压缩的长焦镜头透视变形效果。

② 扭曲变形：使图像进行任意弯曲变形，其效果有波纹变形、波浪变形等。

特技拍摄：模拟摄影特技拍摄效果，相当于利用各种有色滤镜的拍摄效果，即可以用各种滤镜制作特效图像。主要有以下几种。

① 柔焦效果：画面呈现朦胧的柔光照片效果。

② 动感效果：可以制作动态模糊效果，使其看起来具有速度感。

③ 变焦拍摄效果：产生类似辐射状的模糊效果。

④ 旋转模糊效果：产生类似旋转放大或旋转拍摄的旋转模糊效果。

暗房特技：模拟暗房特技制作效果。

① 色调分离效果：将有丰富层次的画面影调压缩为只有黑白两级或黑白灰三级层次的画面。

② 浮雕效果：类似传统的浮雕照片效果。

③ 中途曝光效果：类似于传统暗房的中途曝光效果。

④ 加蒙片效果：类似于暗房制作中加网纹照片和粗颗粒照片效果。

⑤ 马赛克效果：类似于马赛克砌成的壁画效果。

⑥ 各种绘画效果：类似于各种绘画效果。

⑦ 透视矫正：将有严重透视变形的画面进行透视矫正，类似于传统暗房制作中的倾斜放大。

⑧ 图像旋转：将图像任意旋转，可以制作倒影。

3.组合功能

组合功能是指可以方便地将不同场景、不同人物的画面加以组装合成，不仅可以移花接木，而且能将画面处理得天衣无缝。

换背景：给原图片加上更理想的背景或前景。

抠像：将主体物抠下，加在一个新的物体上。

全景接片：将若干张图片拼接成无衔接痕迹的全景照片。

集景照片：将若干张内容不同的照片合成为一幅画面更完善、内容更丰富的照片。

数字暗房处理图像的功能远不止上述这些，例如，单是滤镜功能就有一百多种，且未加上外挂滤镜，各种功能组合运用后所产生的图像效果就更多。当然，尽管计算机处理可以产生任何一种想象得到的图像效果，但是，不是任何一幅摄影作品都可以随心所欲地处理成任何一种特殊效果。例如：一幅反差很弱的照片要处理成色调分离或浮雕效果的照片，就不可能有很好的画面效果；一幅反差很大的照片要处理成柔光效果的照片也不会有好的画面效果；合成照片中的各景物没有联系，各自独立，也不可能有好的创意和画面效果。因此光有熟练的计算机处理技术还不行，还需要懂得摄影美学、摄影构图、摄影拍摄特技等基础摄影知识。只有这样才能将数字处理技术转化为真正实用的摄影技术。

9.3　数字处理中的色彩

1．色彩管理

有时当数码照片冲洗出来以后，总是让我们大吃一惊：和我们在显示器上看到的图片差别居然如此之大。为了弄清楚这个问题就必须了解数字处理中的色彩。首先，要进行色彩管理。

在数码摄影里，色彩管理是为了将拍摄者看到的色彩记录下来，尽可能真实地在显示器或者照片上表现出来。因此数码摄影的色彩管理过程涉及三个主要环节：数码相机、显示输出和打印(冲印)输出。

色彩管理的目的是为了使记录现实世界的色彩描述数据文件在不同设备上所还原的色彩尽可能地和现实世界保持一致，使得人们在观看视觉作品时，可以获得和观看现实世界几乎一致的色彩感受。

2．色彩空间

色彩具有特定的物理属性，根据物理特性就可以定义某种颜色。例如，根据各种可见色光都可以分解为一原色的道理，人们普遍用一原色中每种原色的亮度值来定义某一特定颜色。不同的描述方法基本需要一个输入变量，在数学上要用一维函数来表示，比如三原色系统中，颜色 $C=R(r)+G(g)+B(b)$，需要三维坐标的一个轴来表示。在坐标中形成的立体数学模型，就是所谓的色彩空间。限定了一个变量的输入范围，也就限定了模型的空间形态和大小，代表了该色彩空间的色彩范围——色域。根据不同的原理和目的，人们发明了不同的色彩空间描述办法及与其相关的色彩空间。这些色彩空间可以用数学方法互相转换。但不同方法定义的色彩空间涵盖的色域不同，转换会带来色域范围的变化。

3．色彩模式介绍

后期制作中的另一个难点就是色彩。色彩是一个独立的科学系统。有枯燥数据抽象的描述和复杂的心理个性认同。色彩给我们的生活和摄影增添了无穷的乐趣，也给我们运用到摄影语言上带来了挑战。真正把色彩全部弄懂，那是很难的。但是，理清色彩王国的框架条理，找到一些规律，还是有望达到的。

色彩在计算机中有不同的表达形式，因为计算机处理颜色与我们人类所看颜色是不同的。下面介绍各种颜色模式的特点，让我们对各种颜色模式都有一个较为深刻的了解，从而合理有效地使用它。

RGB模式：RGB是色光的色彩模式。R代表红色，G代表绿色，B代表蓝色，3种色彩叠加形成了其他的色彩。因为三种颜色都有256个亮度水平级，所以3种色彩叠加就形成了1670万种颜色，也就是真彩色，通过它们足以再现绚丽多彩的世界。

在RGB模式中，由红、绿、蓝相叠加可以产生其他颜色，因此该模式也称加色模式。所有显示器、投影设备及电视机等许多设备的色彩都是依赖于这种加色模式来实现的。

就编辑图像而言，RGB色彩模式也是最佳的色彩模式，因为它可以提供全屏幕的24bit的色彩范围，即真彩色显示。但是，如果将RGB模式用于打印就不是最佳的了，因为RGB模式所提供的有些色彩已经超出了打印的范围之外，因此在打印一幅真彩色的图像时，就必然会损失一部分颜色，使图像的色彩失真。这主要是因为打印所用的是CMYK模式，而CMYK模式所定义的色彩要比RGB模式定义的色彩少很多，因此打印时，系统自动将RGB模式转换为CMYK模式，这样就难免损失一部分颜色，出现打印后失真的现象。

CMYK模式：当阳光照射到一个物体上时，这个物体将吸收一部分光线，并将剩下的光线进行反射，反射的光线就是我们所看见的物体颜色。这是一种减色色彩模式，同时也是与RGB模式的根本不同之处。不但我们看物体的颜色时用到了这种减色模式，而且在纸上印刷时应用的也是这种减色模式。按照这种减色模式，就衍变出了适合印刷的CMYK色彩模式。

CMYK代表印刷上用的4种颜色，C代表青色，M代表洋红色，Y代表黄色，K代表黑色。因为在实际应用中，青色、洋红色和黄色很难叠加形成真正的黑色，因此才引入了K——黑色。黑色的作用是强化暗调，加深暗部色彩。

Lab模式：Lab模式是由国际照明委员会(CIE)于1976年公布的一种色彩模式。Lab模式既不依赖光线，也不依赖于颜料，它是CIE组织确定的一个理论上包括了人眼可以看见的所有色彩的色彩模式。Lab模式弥补了RGB和CMYK两种色彩模式的不足。

Lab模式由3个通道组成，但不是R、G、B通道。它的一个通道是亮度，即L。另外两个是色彩通道，用a和b来表示。a通道包括的颜色是从深绿色(低亮度值)到灰色(中亮度值)再到亮粉。

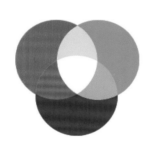

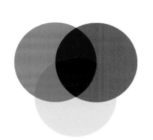

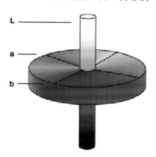

RGB颜色模式　　　　　　　　　　CMYK颜色模式　　　　　　　　Lab颜色模式

9.4　数字冲印技术

随着数码相机的普及，数码冲印也迅速发展起来，从散布街头的数码冲印店可以看出其发展的势头。数码冲印技术，就是把数码图像用传统的银盐相纸输出的技术。

1. 数码照片的冲印流程

数码冲印的流程即数码输入、数码曝光和相纸冲印。数码输入包括用高精度的专业底片扫描仪将传统胶片转化为数字信号和数码相机生成的数码影像直接输入。数码曝光就是由数字信号转化为光信号对相纸进行曝光。相纸冲印是对已曝光的相纸用化学药品进行冲印显影。数码输入和相纸冲印的技术已经比较成熟，数码冲印技术最核心和最复杂的部分就是数码曝光系统。现在的冲印设备主要分为两类曝光系统，即激光和LDD。

激光曝光的光源由R(红)、G(绿)、B(蓝)三色激光组成，三色激光束被汇聚成单束激光，通过控制系统用一色激光混合成所需的颜色，然后再由这单束激光对相机进行曝光。由于激光有色度纯、亮度高、控制精确等特点，所以激光冲印色彩艳丽，图像锐利。由于激光曝光设备结构复杂，而且寿命较短，所以维护成本较高。激光曝光的精度一般是300dpi(每英寸300像素)。

LDD曝光系统由LED(发光二极管)和LCD组成。LED(RGB的阵列光源)做光源，LCD是曝光控制系统。数码信号传到LCD，通过LCD的调制和移动使光源发出的光变成所需的光并对相纸进行曝光。LDD曝光系统的成像质量稍差于激光曝光，但该系统具有结构简单、制造成本低、使用寿命长和维护相对低廉的优点。LDD曝光的精度一般也是300dpi。

2．数码相纸介绍

根据涂料层及纸张介质的不同来分类，数码相纸可分为光泽照片纸、相片纸、光面纸和高分辨率纸(厚相片纸)4种。

光泽照片纸：顾名思义，其最大特点就是打印出来的照片表面有层光泽。此外，有传统照片的质感，还有良好的防潮效果，所以打印出的照片看起来非常舒服。它适用于打印较高质量的照片，以及唱片封套、报刊封面等，在选购相纸的时候，它是首选纸张。

光面纸：与光泽照片纸相比，光面纸的细致程度要好，而且表面还有层很强的光泽。但并不是说它比光泽相片纸好，因为它没有光泽照片纸那么厚。相对来说，它的价格比较低，适合打印一些打印量大的艺术照片和有大量文字的材料。

光面相片纸：它表面由树脂层覆盖，非常光滑，呈现出带光泽的亮白色。用它打印的照片，能产生最大的颜色饱和度，颜色鲜艳，细节表现得比较生动，很具有吸引力，所以用来打印一些广告横幅海报和产品目录之类的就非常适合。当然，打印照片贺卡、圣诞卡，或者制作家庭和个人影集都非常不错。

高分辨率纸(厚相片纸)：这种相纸的最大特点是"厚"，所以价格就比其他照片纸高。这主要在于其涂层比普通喷墨打印纸厚，表面非常平整，打印效果也非常不错，接近传统照片的质量。如果想创作鲜艳夺目的图像，它是极好的选择，比如用它来打印厚海报和一些工艺制图等。因为价格太贵，打印一般照片对它来说，是大材小用了。

依据涂布方法和涂层材料的不同，数码相纸又可分为膨润型相纸、铸涂型防水相纸和RC相纸。

膨润型相纸：它是以聚乙烯醇(PVA)为主，成膜物形成膨润型涂层涂于原纸上的，称为膨润型相纸。它的表面由明胶和聚乙烯醇等聚合物形成吸墨层，进行打印时，墨滴喷射在吸墨层表面上，聚合物吸收水分膨胀而呈现出各种颜色，色彩还原效果非常好，但由于聚合物膨胀速度有限，所以干燥速度很慢。特别是在新型的六色压电式打印机上，打印的图像存在严重的堆积弊病，清晰度很不令人满意。它的耐水性差，虽然通过胶黏剂改性可改善耐水性，但吸墨性被降低，即吸墨性和耐水生相矛盾。总的来说，它的生产成本比较低，但吸墨性能差、干燥慢，也不能防水，打印完后要覆膜处理，所以后期工序繁多，加起来成本比较高，效果也远不如传统的照片，属于低档次产品。

铸涂型防水相纸：其涂层采用微米级的二氧化硅，经过特殊工艺处理，亮度和白度都可以达到传统相纸的水平。它是国内个别有实力的喷绘材料生产厂家的主打产品。它具有防水的涂层，但基纸和膨润型相纸一样是原纸，所以整体防水性能较差，在打印高饱和度图片后，相纸会出现一定程度的变形；同时，涂层的细腻度不够，不能满足超高精度打印的要求。但对于平常的照片打印，是不错的选择。

　　RC相纸：它的基纸与传统相纸一样，在原纸两面涂有防水的PE涂层，它的涂层采用纳米级的一氧化硅材料(颗粒直径在150纳米以下)，形成极细微的无机有机复合微粒，墨水喷上去以后，很快被类似蜂巢的微孔吸收，间隙型相纸的名称也由此而来。正是由于它的这种特殊的微孔结构，涂层吸墨力很强，对于打印很深色调的部分，也能很好地表现层次感；干燥也很快，从打印机里出来后，就可以直接触摸；其涂层材料很细腻，亮度高，能够匹配高精度的照片打印。同时，防水性能也不错，照片不小心洒上了水，晾干就可以了，还能保持原样。总的来说，它的优点是高防水、高吸墨性。RC相纸是喷墨打印介质的发展方向，它打印的图像质量可以与传统的卤化银照相纸相媲美。

3. 数码冲印设备

　　目前数码影像输出所涉及的技术主要有3种类型：数码冲印、热升华打印和数码打印。它们大致可分为4种方案：激光数码冲印、彩色热升华打印、彩色激光打印机和彩色喷墨打印等。下面分别介绍这4种方案。

　　激光数码冲印：数码冲印就是用传统彩扩的方法，通过数码手段，在化学相纸上曝光成像的设备和技术。数码冲印具有色彩鲜艳、颗粒细和层次丰富的特点，这都是热升华打印和喷墨输出无法比的。数码冲印唯一的缺点就是无法达到热升华和喷墨输出那样大的幅面。

　　与传统冲印比较，由于数码照片全部以计算机图形文件的形式存在，所以可以对照片进行修改，以改善传统冲印不能解决的瑕疵，如底片褪色、曝光不足、消减红眼效果等。另外，还可以根据自己的爱好随意剪裁或进行特殊处理，如添加怀旧效果等。因此在数码冲印的过程中，衍生出一系列的图片加工制作服务，比如照片修改、照片设计、制作个性名片等。数码冲印是由现代数码成像冲印技术整合而成的，即数字影像信息通过数码曝光系统结像于银盐相纸上的过程，其获得的数码照片，色彩鲜艳、颗粒细腻、质感俱佳。

　　热升华彩色打印机：热升华打印机的工作原理是将4种颜色(青色、品红色、黄色和黑色，简称CMYK)的固体颜料(称为色卷)设置在一个转鼓上，这个转鼓上面安装有数以万计的半导体加热元件，当这些加热元件的温度升高到一定程度时，就可以将固体颜料直接转化为气态(固态不经过液化就变成气态的过程称为升华，因此这种打印机被称为热升华打印机)，然后将气体喷射到打印介质上。

　　彩色激光打印机：激光打印机是20世纪60年代末Xerox公司发明的，采用的是电子照相技术。该技术利用激光束扫描光鼓，通过控制激光束的开与关使传感光鼓吸与不吸墨粉，光鼓再把吸附的墨粉转印到纸上而形成打印结果。激光打印机的整个打印过程可以分为控制器处理阶段、墨影及转印阶段。

　　彩色喷墨打印机：彩色喷墨打印机是在针式打印机之后发展起来的，采用非打击的工作方式。彩色喷墨打印机的优点有：体积小、操作简单方便、打印噪音低，以及使用专用纸张时可以打出和照片相媲美的图片等。目前彩色喷墨打印机按打印头的工作方式可以分为压电喷墨技术和热喷墨技术两大类型。按照喷墨的材料性质又可以分为水质料固态油墨和液态油墨等类型的打印机。彩色喷墨打印机在打印图像时，需要进行一系列的繁杂程序。当打印机喷头快速扫过打印纸时，它上面的无数喷嘴就会喷出无数的小墨滴，从而组成图像中的像素，以打印图像。彩色喷墨打印机以其良好的打印效果、较低的价位、灵活的纸张处理能力、支持众多打印介质等特点成为彩色打印的首选。

郑重声明

高等教育出版社依法对本书享有专有出版权。任何未经许可的复制、销售行为均违反《中华人民共和国著作权法》，其行为人将承担相应的民事责任和行政责任；构成犯罪的，将被依法追究刑事责任。为了维护市场秩序，保护读者的合法权益，避免读者误用盗版书造成不良后果，我社将配合行政执法部门和司法机关对违法犯罪的单位和个人进行严厉打击。社会各界人士如发现上述侵权行为，希望及时举报，我社将奖励举报有功人员。

反盗版举报电话　　（010）58581999　58582371
反盗版举报邮箱　　dd@hep.com.cn
通信地址　　北京市西城区德外大街4号
　　　　　　高等教育出版社法律事务部
邮政编码　　100120

读者意见反馈

为收集对教材的意见建议，进一步完善教材编写并做好服务工作，读者可将对本教材的意见建议通过如下渠道反馈至我社。

咨询电话　　400-810-0598
反馈邮箱　　gjdzfwb@pub.hep.cn
通信地址　　北京市朝阳区惠新东街4号富盛大厦1座
　　　　　　高等教育出版社总编辑办公室
邮政编码　　100029